数学書房選書 3

実験・発見・数学体験

小池正夫 著

桂 利行・栗原将人・堤 誉志雄・深谷賢治 編集

数学書房

編集

桂 利行
法政大学

栗原将人
慶應義塾大学

堤 誉志雄
京都大学

深谷賢治
京都大学

選書刊行にあたって

　数学は体系的な学問である．基礎から最先端まで論理的に順を追って組み立てられていて，順序正しくゆっくり学んでいけば，自然に理解できるようになっている反面，途中をとばしていきなり先を学ぼうとしても，多くの場合，どこかで分からなくなって進めなくなる．バラバラの知識・話題の寄せ集めでは，数学を学ぶことは決してできない．数学の本，特に教科書のたぐいは，この数学の体系的な性格を反映していて，がっちりと一歩一歩進むよう書かれている．

　一方，現在研究されている数学，あるいは，過去においても，それぞれそのときに研究されていた数学は，一本道でできあがってきたわけではない．大学の数学科の図書室に行くと，膨大な数の数学の本がおいてあるが，書いてあることはどれも異なっている．その膨大な数学の内容の中から，100年後の教科書に載るようになることはほんの一部である．教科書に載るような，次のステップのための必須の事柄ではないけれど，十分面白く，意味深い数学の話題はいっぱいあって，それぞれが魅力的な世界を作っている．

　数学を勉強するには，必要最低限のことを能率よく勉強するだけでなく，時には，個性に富んだトピックにもふれて，数学の多様性を感じるのも大切なのではないだろうか．

　このシリーズでは，それぞれが独立して読めるまとまった話題で，高校生の知識でも十分理解できるものについての解説が収められている．書いてあるのは数学だから，自分で考えないで，気楽に読めるというわけではないが，これが分からなければ先には一歩も進めない，というようなものでもない．

　読者が一緒に楽しんでいただければ，編集委員である私たちも大変うれしい．

2008 年 9 月

編者

はじめに

　数学の世界は宇宙のような広がりをもっています．その広い世界を旅すればワクワクするような感動を手にすることができると約束されています．数学は特別な能力の持ち主でなければ，旅をすることができない世界ばかりではありません．しかし，その旅に出かける前に数学から離れてしまう人が多くいます．
　今の教育のシステムでは高校で学ぶことでしか「数学」に近づく道はないように思われます．しかし，高校で使われている数学の教科書は全国どこでも同じようなものばかりです．それには次のような欠点があります．数学の論理は，置き石を跳びながら川の向こう岸にわたるように，目的の結論にたどりつきます．教科書が同じようなものであると，その置き石が同じ間隔に作ってあるようになります．それでは跳べる距離が短い人は水の中に落ちてしまいます．そういう目に何度も会うと，数学から離れていってしまいます．跳ぶ力は人によってすこしずつ伸びていきますが，高校のある時期までに跳ぶ力が教科書に合うように伸びてきていないと，数学から離れていくことになります．この本は，できるだけ置き石の間隔を短く設計してあります．それを真似て，自分専用のノートを作ることができれば数学が身近に感じられるようになるでしょう．教科書に書かれている文章をそのままでわからなければいけないんだ，と思うことはありません．
　教科書では多くの題材が扱われています．それらは数学の種です．しかし，コンクリートの上に置かれた種は，いつまでたっても芽を出すことはないでしょう．そして，種から芽を出しても豊かな土壌のなかにいなければ貧弱にしか育ちません．この本では特別な種を選んで自由な成長を促してみました．高校生に話す機会があれば，高校数学にある壁について話します．その壁とは，ここから先に行ったら思いもかけない体験ができるかもしれない所に置かれている見えない壁のことを言います．壁の向こうにある世界を，時間がないからという理由で触れないようにしています．種を播いて，自由に成長させると，その壁がないように，自然にその壁の向こうに枝を伸ばしていく様子が見られるものを選んでみました．その種から根が伸びて思いがけない場所で，他の種から伸びてきた根とつながることも見られます．

この本では種の育て方を工夫しました．**実験数学**という方法を使って種を育てました．実験数学の詳しい内容は第 1 章に書いてあります．この本を読むにはそこから始めることを勧めます．第 1 章では実験数学に慣れることができるように書き方を工夫しています．これについてはすぐ後で説明します．

実験数学について簡単に述べると次のようになります．「**数学の中で，興味のあるデータを集めてきて，それらを観察することで規則性を探す**」というものです．これは数学に限ることではありません．数学以外の科学でも**データを集めて，観察して，規則性を見つける**という作業は基本です．科学の世界を旅しようと思っている若い人にとってもこの本でその作業に親しくふれることは貴重な経験になると思います．私たちがあたりまえのように利用している脳の働きを取り出してきただけのものです．

第 1 章と第 19 章の書き方の工夫について述べましょう．2 つの章は，高校への出前授業などで実際に使用した形式に沿って書いてあります．出前授業などで心がけている 3 つの原則があります．

> (1) 生徒がよく知っていることから話を始める．
> (2) 授業の途中で，生徒が手を使って計算ができる材料を用意する．
> (3) 生徒がよく知っていることのすぐそばに，
>   今までは知らなかった面白いものがあることが体験できる．

とりわけ，(2) を大切にしています．授業で話を聞くだけではその内容を深く理解することはできません．そこで手を使って計算してもらえる工夫をしています．第 1 章と第 19 章にあるように，**空白のある表**を用意します．自分で計算することで空白が埋まり，表が完成します．自分で計算していると，作っている表 (データ) の規則性に気づく可能性が高くなります．実際に授業を受けていると思って，**鉛筆と計算用紙をそばに置いて，本を読み進まれることを奨めます．** 他の章には空白のある表は用意してありませんが，読者が自分で工夫した空白のある表を作れば，この本を 2 倍楽しめると思います．

次にこの本の特徴について述べてみましょう．

普通の数学の本は，定義，定理，証明が整然と並べられていて，目標の理論に向かってコンクリートの舗装道路を通すように書かれています．目標の理論を脳の中に整理して蓄えるにはよい方法かもしれません．しかし，数学との出会いを実り

あるものにするには違った書き方もあるのでは思っていました．この本の工夫をあげれば，定義，定理，証明のほかに，＜疑問＞，＜問題＞，＜推測＞，＜考えるヒント＞なども加えてその場所で何を考えているのかがわかるようにしています．疑問が生まれてから問題にたどりつくまでに時間がかかることはよくあります．問題には必ず答えがあります．

　本に書かれている論理を目で追いながら読むことは難しいことなので，途中で得られた結論を文章の途中から抜き出してはっきりとわかるようにしました．長い議論のときは，それらをつなぐ形にして，著者の論理をたどれるようにしています．

　論理の途中で，本の別な場所で説明されたことを引用することがよくあります．普通の本では，「定理 1.2 により」などで簡単にすませます．初心者には，それが理解を妨げる障害になっています．この本では引用場所を書くだけですませることはしていません．必要な内容をもう一度その場に呼び出して使うようにしました．

　話題は整数論の範囲から選んでありますが，ある理論を身につけさせてあげようという強い意図はありません．それでも必要な言葉はところどころで用意しています．高校の教科書には出てこない言葉も使っています．堅苦しい言葉は避けて，独自の言い回しで最初の出会いを印象深いものにしています．言葉は大切なものです．考えていることが，それによって結晶化することがあるからです．見つかった規則性を定理として証明することにはこだわらないようにしました．やさしければ，その場で証明を述べました．難しいけれど証明をつけた方がよい，と思ったものは付録としました．証明はつけないで，読者に問題として残したものもあります．

　数学は現実の世界に比べれば，単純な世界から始まります．単純であるから，何が本質的であるかを見つけやすいと思います．本質的なものが何かを見抜く体験をすることは大切です．それができるような材料をそろえました．本質的なものが何かがわかればさらに発展させる方向が浮かんできます．そのようになれば，数学の世界の旅を続けられる羅針盤を手に入れることができたことになります．それは数学の外の世界を旅するときにも，持ち歩けるものです．

　旧友浅井哲也さんは原稿の段階から，趙康治さんは校正の段階で，全文をくまなく読まれて数多くの有用な助言を寄せてくださいました．また家族，友人も励ましてくれました．ここに深く感謝いたします．

　前置きが長くなりました．よい旅を！

目　次

選書刊行にあたって　　ii
はじめに　　iv

第 1 章　x^n-1 の因数分解で見られる数と式の不思議な関係　　1
1.1　実験数学を紹介する　　7
1.2　実験数学のプログラムを説明する　　7
1.3　実験数学を体験する　　9
1.4　円分多項式の登場　　12

第 2 章　本の裏表紙に書かれている，その本を識別できる，符号の仕組み　　15
2.1　11 の登場　　16
2.2　X の登場　　17
2.3　a_{10} の働き　　19
2.4　誤り検出の仕掛け　　20
2.5　識別できる本の数　　22
2.6　2007 年に規格が改定された　　24

第 3 章　正五角形の描き方　　26
3.1　$x^4 + x^3 + x^2 + x + 1 = 0$ の解を求める　　28
3.2　正五角形を複素平面に描く　　29

第 4 章　剰余法 2 の世界との出会い　　31
4.1　剰余法 2 の世界が露出している場所　　33

第 5 章　剰余法 m の世界が広がる　　36
5.1　剰余法 m の世界のかけ算　　40
5.2　剰余法 m の世界のかけ算の表が満たす対称性　　43

第 6 章　誕生日を当てるゲーム　　45
6.1　剰余法 m の世界を利用する　　46
6.2　数字を変えたゲームを作る　　47

目次

第 7 章	剰余法 p の世界は特別美しい	48
7.1	フェルマーの小定理をさらに掘り下げる	51
7.2	べき乗表の観察を続ける	53
7.3	位数と出会う	56
7.4	部分群と出会う	59
第 8 章	剰余法 p の世界にある円上の点を数える	63
8.1	剰余法 p の世界の円	64
8.2	剰余法 p の世界の円上の点の個数の性質を探す	66
第 9 章	ピタゴラス数	69
9.1	原素的なピタゴラス数を求める	71
9.2	原素的なピタゴラス数に規則性を探す	72
第 10 章	数列から作られる形式的べき級数が威力を発揮する	74
10.1	数列から形式的べき級数を作る	75
10.2	漸化式の登場	79
10.3	フィボナッチ数列の登場	81
10.4	有理式の世界を通り抜ける	82
10.5	ビネの公式	83
第 11 章	数式がいっぱい	84
11.1	形式的べき級数の登場	87
11.2	最初の問題に戻る	87
11.3	式は続くよ，どこまでも	89
第 12 章	剰余法 2 の世界の多項式と整数は似ている	91
12.1	既約な式は素数の仲間	93
12.2	既約な式の関係	97
第 13 章	円分多項式の x に数を代入する	100
13.1	さらなる規則を求めて	104
13.2	-1 を代入して規則を探す	105
13.3	さらに奥に進む	107
13.4	さらにさらなる発展	111
第 14 章	天秤で重さを量ることが 2 進法とつながる	113
14.1	3 進法へ進む	116

第 15 章　剰余法 m の世界のフィボナッチ数列を探す　119
15.1　剰余法 m の世界でも漸化式が使える 120
15.2　剰余法 m の世界のフィボナッチ数列の表 123
15.3　剰余法 m の世界のフィボナッチ数列の周期の長さを考える 124
15.4　剰余法 p の世界で周期の長さの性質を探す 126
15.5　データをさらに集める 129

第 16 章　2 次式 x^2-x-1 の x に整数を代入する　131
16.1　剰余法 p の世界で方程式を考える 133
16.2　剰余法 p の世界で形式的べき級数を考える 137
16.3　剰余法 5 の世界のフィボナッチ数列のビネの公式 140
16.4　剰余法 p の世界で方程式の解がない場合 141
16.5　剰余法 p^e の世界のフィボナッチ数列たちの満たす性質を探す 142
16.6　残ったものにも規則がある 143

第 17 章　$\cos\dfrac{2\pi}{n}$ の正確な値を求める　145
17.1　角度を易しいものにする 146
17.2　$\cos\dfrac{2\pi}{n}$ の正確な値を小さい n について求める 150

第 18 章　円分多項式と三角関数の深いつながりにふれる　153
18.1　チェビシェフ多項式の登場 154
18.2　道の交差するところ──チェビシェフ多項式の因数分解 158
18.3　チェビシェフ多項式は $\Psi_d(x)$ たちで書けている 162

第 19 章　いろんな世界にいるパスカルの三角形を探す　163
19.1　剰余法 2 の世界のパスカルの三角形 166
19.2　剰余法 2 の世界のパスカルの三角形に見られる他のパターン 171

第 20 章　ベクトルで作るパスカルの三角形を探す　174
20.1　行列で作るパスカルの三角形 181

第 21 章　剰余法 2 の世界のパスカルの三角形を形式的べき級数を利用して調べる　185
21.1　剰余法 2 の世界の形式的べき級数の登場 187

第 22 章　剰余法 3 の世界のパスカルの三角形　191
22.1　剰余法 4 の世界のパスカルの三角形 196

付録 1：$x^m - 1$ を円分多項式で因数分解をする　200
   1.1　剰余法 m の世界との結びつき 207

付録 2：剰余法 $x^2 + x + 1$ の世界　209
   2.1　剰余法 $x^2 + x + 1$ の世界は複素数をつくったことと似ている 211
   2.2　剰余法 3 の世界でもやってみる 212

付録 3：剰余法 p の世界における **2** の位数の様子　217

付録 4：剰余法 p の世界にはいつも原素が存在している　221

あとがき　223

索　引　226

第1章
x^n-1の因数分解で見られる数と式の不思議な関係

　1年生の単元に「数と式」というものがあります．これは，ただ「数」と「式」をここで教えましょう，という意味でそう書いています．ところが，数学を深く学んでゆくと「数」と「式」は深いつながりがあることがわかってきます．偶然に2つの言葉を並べたことが実際に縁のあることが見つかると不思議な気がします．ここではそれを学んでみましょう．最初に「数」について話しましょう．自然数は素数の積に分解できます．小さい自然数では次のようになっています．

$4 = 2 \times 2$	$12 = 2 \times 2 \times 3$
$6 = 2 \times 3$	$14 = 2 \times 7$
$8 = 2 \times 2 \times 2$	$15 = 3 \times 5$
$9 = 3 \times 3$	$16 = 2 \times 2 \times 2 \times 2$
$10 = 2 \times 5$	$18 = 2 \times 3 \times 3$

　ここで抜けている数 2, 3, 5, 7, 11, 13, 17, 19 は**素数**です．自然数を素数の積に分解することを**素因数分解**といいます．さらに，2以上のすべての自然数は素数の積として**一意的**に表すことができます，という定理 (**算術の基本定理**とよばれています) もよく知られています．素数はこれ以上は分解できない数ですから，物質でいえば原子のようなものです．それとも素数があるから人は物質についても，これ以上分解できないものがあることが想像できたのかもしれません．

　そこで式についても似たようなことはあるのだろうか？という疑問が浮かびます．もう少し問題をはっきりさせるためには，次のような箱を考えて，縦の関係や横の関係を見比べて，空いている欄に何が入るのかを想像してみましょう．

	数	式
素因数分解		

1

式といえば，**因数分解の公式**として次のような式を高校 1 年生のときに教わります．
$$x^2 - 1 = (x-1)(x+1)$$
$$x^3 - 1 = (x-1)(x^2+x+1)$$
高校ではこれを次のような形で与えることがあります．
$$a^2 - b^2 = (a-b)(a+b)$$
$$a^3 - b^3 = (a-b)(a^2+ab+b^2)$$
この 2 つの式の組は 2 番目の式の組の方が一般的に見えますが，最初の式の組から簡単に 2 番目の式の組が得られます．それは次の式たちを見ればわかります．左辺は x に $\frac{a}{b}$ を代入して全体に b^2 をかけたものです．右辺も同じようにします．
$$b^2 \left\{ \left(\frac{a}{b}\right)^2 - 1 \right\} = b\left(\frac{a}{b} - 1\right) b\left(\frac{a}{b} + 1\right)$$
カッコの外にある b を内に入れるとこうなります．それは 2 番目の式になります．
$$\left\{ b^2 \times \left(\frac{a}{b}\right)^2 - b^2 \right\} = \left(b \times \frac{a}{b} - b\right)\left(b \times \frac{a}{b} + b\right)$$
高校では 2 番目の式を利用していろんな式の因数分解を計算させられますが，面白いことはそんなにありません．ここでは違う道に分け入りましょう．それは次の疑問を考えてみることです．

> **＜疑問＞**
> $x^4 - 1, x^5 - 1, x^6 - 1, \cdots$ と次数を上げていくと因数分解の式はどうなるのだろうか？

次数が増えるのだから複雑さが増すばかりだろう，と思いこんではいませんか．そのような道に分け入ると以外な湧き水に出会うことがあります．

次数が小さいところ $x^4 - 1, x^5 - 1, x^6 - 1$ の因数分解を実際にやってみましょう．
$$x^4 - 1 = (x-1)(x^3 + x^2 + x + 1)$$
$$x^5 - 1 = (x-1)(x^4 + x^3 + x^2 + x + 1)$$
$$x^6 - 1 = (x-1)(x^5 + x^4 + x^3 + x^2 + x + 1)$$

これから一般の場合の因数分解の法則が次のように想像できます．
$$x^n - 1 = (x-1)(x^{n-1} + x^{n-2} + \cdots + x + 1)$$

さて，これでは同じ風景でしかありません．そこで，4 について次のことを考えてみましょう．

> **＜考えるヒント＞**
>
> $4 = 2 \times 2$ と書けているという 4 の素因数分解は式の因数分解に影響を与えているのではないでしょうか？

これを利用すると，$x^4 - 1$ の因数分解は次のようにできます．
$$x^4 - 1 = (x^2)^2 - 1 = (x^2 - 1)(x^2 + 1) = (x-1)(x+1)(x^2+1)$$
これと上の式を見比べると，実は
$$x^3 + x^2 + x + 1 = (x+1)(x^2+1)$$
となっていました．最初の因数分解はどんな n にも使えますが，それだけでは分解が最後まで終っていなかったのです．

> 分解の途中では法則が正しい形をしていません．

次の式は $x^5 - 1$ ですが，これは 5 が素数なので，上の式以上の分解はできません．
$$x^5 - 1 = (x-1)(x^4 + x^3 + x^2 + x + 1)$$
次の $x^6 - 1$ は $6 = 3 \times 2$ なので因数分解は次のように進めることができます．
$$x^6 - 1 = (x^3)^2 - 1 = (x^3 - 1)(x^3 + 1)$$
$$= (x-1)(x+1)(x^2 + x + 1)(x^2 - x + 1)$$
ここでは次の式も使いました．
$$x^3 + 1 = (x+1)(x^2 - x + 1)$$
これもよく知られた公式ですが，それが導かれる手順も紹介しておきましょう．
$$x^3 + 1 = x^3 - (-1)^3$$

$$= (x-(-1))(x^2+(-1)x+(-1)^2)$$
$$= (x+1)(x^2-x+1)$$

> **＜疑問＞**
>
> どうして $6 = 2 \times 3$ とはしなかったのですか?

当然の疑問ですね．では，これを使ってみましょう．
$$x^6 - 1 = (x^2)^3 - 1 = (x^2-1)((x^2)^2+x^2+1)$$
$$= (x-1)(x+1)(x^4+x^2+1)$$
ここまでは簡単に因数分解できますが，次の式は思いつくでしょうか？
$$x^4 + x^2 + 1 = (x^4+2x^2+1) - x^2 = (x^2+1)^2 - x^2$$
ここまでくれば，さらに因数分解をすることができて，同じ結果が得られることがわかるでしょう．$x^n - 1$ の因数分解をするときは，利用する n の素因数分解の数の順序によっては $x^n - 1$ の因数分解が難しくなることもあることがわかりました．

> **＜推測＞**
>
> 肩に乗る指数が素数でないときには，その数の素因数分解を利用すると $x^n - 1$ の因数分解がもっと細かくできるようです．

これが $x^n - 1, n = 4, 5, 6$ の因数分解の計算方法です．この方法をまねて，$x^n - 1$ の因数分解をさらに先まで計算してみましょう．特に指数 n がたくさん約数をもっている場合 $x^8 - 1, x^{12} - 1, x^{24} - 1$ などの因数分解を計算してみましょう．

次のページに答えを書いておきましたが，最初はそれを見ないで計算してください．

n	n の約数	$x^n - 1$	$x^n - 1$ の因数分解
1	1	$x - 1$	$x - 1$
2	1,2	$x^2 - 1$	$(x-1)(x+1)$
3	1,3	$x^3 - 1$	$(x-1)(x^2+x+1)$
4	1,2,4	$x^4 - 1$	$(x-1)(x+1)(x^2+1)$
5	1,5	$x^5 - 1$	$(x-1)(x^4+x^3+x^2+x+1)$
6	1,2 3,6	$x^6 - 1$	$(x-1)(x+1)$ $(x^2+x+1)(x^2-x+1)$
7		$x^7 - 1$	
8		$x^8 - 1$	
9		$x^9 - 1$	
12		$x^{12} - 1$	
16		$x^{16} - 1$	
18		$x^{18} - 1$	
24		$x^{24} - 1$	

n	n の約数	x^n-1	x^n-1 の因数分解
1	1	$x-1$	$x-1$
2	1,2	x^2-1	$(x-1)(x+1)$
3	1,3	x^3-1	$(x-1)(x^2+x+1)$
4	1,2,4	x^4-1	$(x-1)(x+1)(x^2+1)$
5	1,5	x^5-1	$(x-1)(x^4+x^3+x^2+x+1)$
6	1,2 3,6	x^6-1	$(x-1)(x+1)$ $(x^2+x+1)(x^2-x+1)$
7	1 7	x^7-1	$(x-1)$ $(x^6+x^5+x^4+x^3+x^2+x+1)$
8	1,2,4,8	x^8-1	$(x-1)(x+1)(x^2+1)(x^4+1)$
9	1,3,9	x^9-1	$(x-1)(x^2+x+1)(x^6+x^3+1)$
12	1,2,3, 4,6,12	$x^{12}-1$	$(x-1)(x+1)(x^2+x+1)$ $(x^2+1)(x^2-x+1)(x^4-x^2+1)$
16	1,2,4 8,16	$x^{16}-1$	$(x-1)(x+1)(x^2+1)$ $(x^4+1)(x^8+1)$
18	1,2,3 6 9,18	$x^{18}-1$	$(x-1)(x+1)(x^2+x+1)$ (x^2-x+1) $(x^6+x^3+1)(x^6-x^3+1)$
24	1,2,3,4 6,8 12,24	$x^{24}-1$	$(x-1)(x+1)(x^2+x+1)(x^2+1)$ $(x^2-x+1)(x^4+1)$ $(x^4-x^2+1)(x^8-x^4+1)$

1.1 実験数学を紹介する

数学は実験のない科目であったのに，不思議な言葉を聞かされると思うでしょう．**実験数学のプログラム**は次のように書くことができます．

---
(1) データを収集します．

(2) 規則性，関係，パターンを探します．

(3) 推測を数学の言葉で表現するようにします．

(4) さらなるデータで推測を検証して，予想を立てます．

(5) 予想を証明します．

これを眺めると (1) から (4) までの内容は数学に固有なものではありません，というよりも科学とよばれる行為に共通に通用するプログラムだとわかります．そして算数を教わっていたときには確かにこのプログラムに沿っていたと思います．「三角形の内角の和は 180 度になる」ことも，いろんな三角形で測ってみたのではなかったでしょうか? それは **(1) データを収集する**ことをしていました．何かを発見するというプロセスは，このようなプログラムに沿ってなされることが多いのです．それは，すでにわかっていることの使用法を学ぶよりも楽しいものではなかったでしょうか? このプログラムに従って数学を勉強すれば，脳を働かせるときのよいくせをつけられると思います．

1.2 実験数学のプログラムを説明する

プログラムの各項目ごとに，何をするのか説明しましょう．

(1) データを収集します．

実験数学の始まりは，何かを計算することです．すでに誰かが計算した結果を

偶然目にすることから，実験数学が始まる場合もあるでしょうが，普通は何か規則性を探す目的をもって，計算をすることでデータが収集できます．

すぐあとで，式の因数分解の表を眺めて，そこに何か規則性がないだろうかと考えます．実際に脳が働くときはデータを集めている途中で規則性に気がつきます．プログラムのように 2 つを区別できないこともよくあります．数学の先生が「計算をたくさんしなさい」というアドバイスをすることがあります．それは，ただ「計算をしなさい」と言っているのではありません．計算をしている間に，「何か前に似たようなことがあったなー」「前にも似たような計算をしたぞ」と気がついてほしい，そういう瞬間に出会ってほしい，という意味があるのではと思います．それが「発見した!」という感動を生みます．規則性を発見するときに，どのような手順でそれがなされるかを体験することはとてもよい教育です．人は他人がしていることを実際に真似ることで，脳に他の作業では得られない記憶が残ります．

(2) 規則性，関係，パターンを探します．

集まったデータを眺めて，そのなかに何か特徴がないか探します．模様がないだろうか？これとあれの間に関係がないだろうか？規則性がないだろうか？まえにどこかで見たような気がするような？こういう気持ちでデータを眺めて見ます．普通は集めてきたデータにそういうことがあるかどうかはわかりません．しかし，これから話すデータには規則性があることがわかっています．それを見つけることを通じて，脳が規則性を見つけるときの働き方の練習になると思います．模様というのは見つけてしまうと，今まではどうしてそれが見えなかったのだろう，と思うことが多いのです．

(3) 推測を数学の言葉で表現するようにします．

模様や規則性が見つかったといっても，それを数学の言葉を使って書くまでには，また苦労があります．何かを思いついてもそれが言葉にならないという経験はありませんか？数学の言葉で書くことは，自分の考えを自分以外の人に理解してもらうために必要であり，数学という言葉はより多くの人に自分の見つけたことをわかってもらえるためにとても有効な言葉なのです．

(4) さらなるデータで推測を検証し，予想を立てます．

これではまだ推測が正しくできたとは言えません．その先にある新しいデータ

を探して，それに今得た数式で表現した推測が，このデータでもあっているかどうか，確かめることをしなければいけません．いったん立てた推測が新しいデータでは成り立たないこともよくあります．そうすると，もう一度やり直さなければなりません．この操作を経て，これが正しいという推測にたどりつくまで繰り返します．そうなって初めて「予想」と名づけることができます．

(5) 予想を証明します．

そして最後にこの予想が成り立つ理由や仕組みを考えることです．フェルマーの予想を聞いたことはありませんか？ワイルスによって証明されるまでに約350年もの間がありました．数学には証明されていない予想が数多くあります．『ペトロフ叔父さんとゴールドバッハ予想』という小説があります．予想を考えている数学者の心理状態がよく描かれています．証明することは数学にとって生命の源です．しかし最初は，なぜ，このような現象が生じているのだろう，不思議だなと思うだけでもよい，と私は思います．

1.3 実験数学を体験する

最初に因数分解をたくさんしました．これが **(1) データの収集** にあたります．式の因数分解の表を眺めて，そこに何か規則性がないだろうかと考えてみることが **(2) 規則性，関係，パターンを探す**，ことになります．初めてですから，パターンを見つけるヒントをあげましょう．慣れてくれば自分で出来るようになりますが，最初は誰でも難しいのが当然です．

> ＜考えるヒント＞
> 因数分解の表に同じものが現れていないか，探してみましょう．

同じものがない，すべてが異なっているとそこには規則性はありません．色がつくと，人の認識はより鮮明になりますので，

> ＜考えるヒント＞
> 因数分解の表の同じものに色をつけてみましょう．

$x-1$ が最初に目に入ります．それはどんな n にも現れているようです．そこで次の予想が立てられます．

> **＜予想＞**
> $x-1$ は n がどんな値でもいつも現れています．

この予想は実は簡単に証明できます．次の式を始めに出しておきました．これが役にたつことがわかりますか？

$$x^n - 1 = (x-1)(x^{n-1} + x^{n-2} + \cdots + x + 1)$$

残った式で，次に簡単な式は $x+1$ です．今度は，すべての n で現れてはいないこと，がわかります．そのときは次のように考えます．

> **＜考えるヒント＞**
> $x+1$ が現れるときの n に何か特徴があるだろうか？

すると，n が $2, 4, 6, 8$ といったところで現れているのがわかります．これでパターンが見つかりました．推測ができましたね．では，次の**推測を数学の言葉で表現する**とはどうすればよいのでしょうか？ $2, 4, 6, 8$ らを表す数学の言葉は何でしょうか？ **2 の倍数**または**偶数**という言葉もあります．さらに次のような数学的な表現まで思いつければこの段階はクリアできました．

> $n = 2, 4, 6, 8,$ たちは偶数で，それは $2m$ の形をしています．

$n = 2m$ という数学的な表現ができれば，証明は次のようにできます．

$$\begin{aligned}
x^n - 1 &= x^{2m} - 1 = (x^2)^m - 1 \\
&= (x^2 - 1)((x^2)^{m-1} + (x^2)^{m-2} + \cdots + x^2 + 1) \\
&= (x-1)(x+1)((x^2)^{m-1} + (x^2)^{m-2} + \cdots + x^2 + 1)
\end{aligned}$$

これが実験数学のプログラムを実行している脳の働きを言葉にしてみたものです．$x-1, x+1$ 以外の式についても似たことが考えられるならばしめたものです．次のステップは老婆心ながら書いておきましょう．

> **＜考えるヒント＞**
> x^2+x+1 が現れるときの n に何か特徴がありますか？

> **＜観察＞**
> x^2+x+1 が現れている n は $3,6,9,12,18,24$ です．

これから次のことを予測したいのですが，

> **＜予測＞**
> x^2+x+1 が現れている n は 3 の倍数です．

$n=15$ の例がありません．そういうときは **(4) さらなるデータで推測を検証**することになります．$n=15$ の例を計算してみましょう．

$$x^{15}-1=(x^3)^5-1=(x^3-1)(x^{12}+x^9+x^6+x^3+1)$$
$$=(x-1)(x^2+x+1)(x^{12}+x^9+x^6+x^3+1)$$

じつは，さらに因数分解はできます．

$$(x^{12}+x^9+x^6+x^3+1)$$
$$=(x^4+x^3+x^2+x+1)(x^8-x^7+x^5-x^4+x^3-x+1)$$

これで $n=15$ でも予測が正しいことが確かめられたので予想とできます．証明のヒントもこの計算から見つけられるでしょう．個々の式から n を眺めて規則性を探しました．今度は全体を眺めて見ましょう．

> **＜考えるヒント＞**
> n の約数の個数は式の因数分解と何か関係はないだろうか？

> $n=6$ の約数は $1,2,3,6$ です．一方 x^6-1 の因数分解に現れる式は $x-1, x+1, x^2+x+1, x^2-x+1$ です．

1.4 円分多項式の登場

<問題>
n の約数の個数と式の因数分解の間の関係を見つけましょう．

この問題は次の節で詳しい説明をすることになりますが，それを読まないで考えてみてください．

1.4 円分多項式の登場

n が 2 の倍数のときに，$x+1$ が x^n-1 の因数分解に現れることは証明しました．これから次のことがわかります．

n の約数に 2 があると，$x+1$ が x^n-1 の因数分解に現れます．

したがって，2 と $x+1$ が結びついていると思うことができます．そこで 2 から定まる多項式という意味で次の記号を新しく作ることにします．

$$\Phi_2(x) = x+1$$

Φ という記号はギリシャ文字から借用しました．読み方はファイです．歴史があるので，この記号を使います．新しい記号を見ると，それで拒否反応をおこされるので高校で話すときは $F_n(x)$ を代わりに使います．この本の読者はすぐ慣れてくださるでしょう．

このように考えていくと，得られた表の中では 2 以外の自然数 d に対しても，ある多項式 $\Phi_d(x)$ が定まっていることがわかります．それを次の表にしてみました．

d	$\Phi_d(x)$	d	$\Phi_d(x)$
1	$x-1$	8	x^4+1
2	$x+1$	9	x^6+x^3+1
3	x^2+x+1	12	x^4-x^2+1
4	x^2+1	15	$x^8-x^7+x^5-x^4+x^3-x+1$
5	$x^4+x^3+x^2+x+1$	16	x^8+1
6	x^2-x+1	18	x^6-x^3+1
7	$x^6+x^5+x^4+x^3+x^2+x+1$	24	x^8-x^4+1

この新しい記号を用いると $x^n - 1$ の因数分解が，n の約数を使って次のように書かれていることがわかります．

$$x - 1 = \Phi_1(x)$$

$$x^2 - 1 = \Phi_1(x)\Phi_2(x)$$

$$x^3 - 1 = \Phi_1(x)\Phi_3(x)$$

$$x^4 - 1 = \Phi_1(x)\Phi_2(x)\Phi_4(x)$$

$$x^5 - 1 = \Phi_1(x)\Phi_5(x)$$

$$x^6 - 1 = \Phi_1(x)\Phi_2(x)\Phi_3(x)\Phi_6(x)$$

この式たちを眺めていると，前のページの問題に答えることができませんか？ これが，n の約数の個数と $x^n - 1$ の因数分解に現れる式の個数が等しい，ことの説明になっていることに気がつくでしょう．

規則性がわかると，それを実際の計算に応用することができます．規則を知らないで計算をしていたときと比べてください．実際に，$x^{36} - 1$ の因数分解をやってみましょう．推測から得られる因数分解は次のようになります．

$$x^{36} - 1 = \Phi_1(x)\Phi_2(x)\Phi_3(x)\Phi_4(x)\Phi_6(x)\Phi_9(x)\Phi_{12}(x)\Phi_{18}(x)\Phi_{36}(x)$$

最初は $36 = 18 \times 2$ を使います．

$$x^{36} - 1 = (x^{18})^2 - 1 = (x^{18} - 1)(x^{18} + 1)$$

これの第 1 項は $x^{18} - 1$ の因数分解の推測から次のようになります．

$$x^{18} - 1 = \Phi_1(x)\Phi_2(x)\Phi_3(x)\Phi_6(x)\Phi_9(x)\Phi_{18}(x)$$

第 2 項の因数分解をしましょう．

$$x^{18} + 1 = (x^6)^3 + 1 = (x^6 + 1)(x^{12} - x^6 + 1)$$

$x^6 + 1$ はすでに計算している $\Phi_4(x)$ と $\Phi_{12}(x)$ とで次のように書けています．

$$x^6 + 1 = (x^2)^3 + 1 = (x^2 + 1)(x^4 - x^2 + 1) = \Phi_4(x)\Phi_{12}(x)$$

これらをまとめます．

$$x^{36} - 1 =$$

$$\Phi_1(x)\Phi_2(x)\Phi_3(x)\Phi_4(x)\Phi_6(x)\Phi_9(x)\Phi_{12}(x)\Phi_{18}(x)(x^{12} - x^6 + 1)$$

この式を $x^{36}-1$ の因数分解の推測と見比べれば次のように 36 に対応している式を

$$\Phi_{36}(x) = x^{12} - x^6 + 1$$

と定めれば，x^n-1 の因数分解の推測が $n=36$ でも正しいことがわかります．

　x^n-1 のことは円の**等分多項式**とよばれています．そのことは $x^n-1=0$ の複素数の解の全体は複素平面で原点を中心にした半径 1 の円周上を n 等分にした点となることから名づけられました．それにならって $\Phi_n(x)$ は**円分多項式**と呼ばれます．ここで見つけた予想の正確な形と，その証明は付録 1 で与えました．円分多項式はこの本の別な場所でも現れてきています．これは既約な多項式で，多項式の世界では特別に深い理論を生みだす宝です．将来数学の世界に進まれて，岩澤健吉先生のつくられた「**岩澤理論**」にいつか出会ってもらいたいと希望しています．

第2章

本の裏表紙に書かれている、その本を識別できる、符号の仕組み

　私たちが本を探すときは、本の題名，出版社，著者の名前を覚えて書店へ出かけます．本棚になければそれらを店員さんに話して注文するのが普通です．その本の裏表紙に書かれている

ISBN4 − 00 − 416004 − 9

という符号を店員さんに告げる人はいないでしょう．これは，岩波書店発行の岩波新書にある遠山啓著『数学入門（上）』の裏に書かれているのを取ってきました．これからこの符号に乗せられている情報を探ってみましょう．まず **ISBN** というのは

International Standard Book Numbers

の頭文字を取ってきたので，国際的に本を識別するための数字という意味です．この本には対になる『数学入門（下）』という本があります．それに付いている符号は

ISBN4 − 00 − 416005 − 7

です．この2つを並べて比べることで私たちは **ISBN** 符号の仕組みについて少しは想像を働かせることができます．この符号は13個の箱のなかに数字とハイフン − が入っています．10個の箱には数字が入り，残る3つの箱にはハイフン − が入っています．実は最初の箱にはいつも 4 そして2番目と12番目の箱には − が入っています．

| 4 | − | | | | | | | − | |

　じつは最初の 4 は日本の出版社から出版された本であることを示しています．1番目の − と2番目の − の間の数字は，上の2冊の本で共通なことから想像できるように出版社の名前を表しています．岩波書店から出版された本にはこの部

15

分はすべて **00** が入ります．

　これで 3 つの − は使い切りました．従って残りの箱に入っている数字でその本を表し，他の本とは区別ができるようにしているはずです．『数学入門 (上), (下)』は続きの本ですから 9 番目の数字が **4**, **5** と 1 つ違いになるのは納得できますが，最後の数字 **9**, **7** はどうしてこの数字になるのでしょう？理由がわかりません．

$$\text{ISBN}4-00-416004-9$$

$$\text{ISBN}4-00-416005-7$$

この理由を探るのがこの章の目的の 1 つになります．

2.1　11 の登場

　3 つの − は忘れて 10 個の数字だけに注目します．

| a_1 | a_2 | a_3 | a_4 | a_5 | a_6 | a_7 | a_8 | a_9 | a_{10} |

この 10 個の数字を使って次の量を計算します．

$$S := 1 \times a_1 + 2 \times a_2 + 3 \times a_3 + 4 \times a_4 + 5 \times a_5 + 6 \times a_6 +$$
$$7 \times a_7 + 8 \times a_8 + 9 \times a_9 + 10 \times a_{10}$$

このように長くなってしまうので次の表し方が便利です．

$$S = \sum_{i=1}^{10} i \times a_i$$

『数学入門 (上)』では 0 がたくさんあるので

$$S = 1 \times 4 + 4 \times 4 + 5 \times 1 + 6 \times 6 + 9 \times 4 + 10 \times 9$$

$S = 187$ と計算できました．『数学入門 (下)』でも同じような計算をしてそれを表にしてみます．

本の名前	S
数学入門 (上)	187
数学入門 (下)	176

これから $187 - 176 = 11$ として，さらに $187 = 11 \times 17$, $176 = 11 \times 16$ に気がつくでしょうか？さらに

---<予測>---

S はいつも 11 の倍数です．

と大胆な予測をします．この 2 つ以外の本について S の計算をしてみると，上の予測がいつも正しいことがわかります．予測をしてそれが当たれば，これほどうれしいことはありません．

2.2　X の登場

いろんな本の裏を眺めていると次のような ISBN 符号に出会います．

$$\text{ISBN}4 - 2541 - 1463 - X$$

今までは箱のなかには数字が入ると思っていたのに X という文字が現れました．これは何を意味しているのでしょう．

X が現れるのは最後の箱だけで，途中の箱には 0 から 9 までの数字が入っているのは変わりがありません．X という符号は何を意味しているのかを考えることは，なぜ必要になったのかを考えるといってもよいでしょう．そこで，S と一緒に T という量も考えます．

$$T = \sum_{i=1}^{9} i \times a_i$$

S と T の間には次の関係があります．

$$S = T + 10 \times a_{10}$$

これは次の形に変形できます．

$$S = T + 11 \times a_{10} - a_{10}$$

さらに変形します．

$$S - 11 \times a_{10} = T - a_{10}$$

この最後の式で S がいつも 11 で割り切れていることを使うと，左辺の量が 11 で割り切れます．よって右辺の量も 11 で割り切れることがわかります．

$$T - a_{10} \text{はいつも } 11 \text{ の倍数です．}$$

ここで a_{10} が 0 から 9 までの数字だとすると次のことがわかります.

$$\boxed{T \text{ を } 11 \text{ で割ると, その余りが } a_{10} \text{ です.}}$$

これの意味を考えてみましょう. 重要な結論がこれから導きだせます. T は a_1 から a_9 までの数字を使って計算できる量です. a_{10} は使っていません. したがって,

$$\boxed{a_1 \text{ から } a_9 \text{ までの数字を使って } a_{10} \text{ は計算できます.}}$$

そうすると, a_{10} は何故 ISBN 符号のなかにわざわざおいてあるのだろうか, と疑問が湧きませんか? a_{10} は本を区別する役には立たないのですから. これは次の節で考えることにしましょう. その前に X が現れる理由を考えていましたから, それに答えましょう. T を 11 で割ると, その余りが a_{10} になることがわかりました. では問題

─〈問題〉────────────────
　整数を 11 で割るとその余りとして現れる整数は何ですか?
────────────────────

答えは $0, 1, 2, 3, 4, 5, 6, 7, 8, 9, 10$ の 11 個の数です. ここで T を 11 で割ると, その余りが 10 になる場合を考えます. そのときは 10 を最後の箱に入れることになります. すると, 2 つの数字 1, 0 が 1 つの箱に入ることになります. これだと 1 つの箱には 1 つの数字または記号が入る, という原則が壊れます. そこで次のように考えます.

$$\boxed{X \text{ で } 10 \text{ を表すことにする.}}$$

歴史的に次のこともありました. ローマ数字では X は 10 を表していました. これだと, 1 つの箱には 1 つの数字または記号が入る, という原則には反しません. そこで次の予想ができます.

─〈予想〉────────────────
　X が現れるときは, T を 11 で割るとその余りが 10 になるだろう.
────────────────────

最初に上げた本の ISBN 符号で T を計算してみましょう.

$$T = 4 + 4 + 15 + 16 + 5 + 6 + 28 + 48 + 27 = 153 = 11 \times 13 + 10$$

これで予想がこの場合には正しいことが確かめられました．他の例でも，予想が正しいことが確かめられます．書店に出かけて，X のある本を探してみましょう．

2.3　a_{10} の働き

　ISBN 符号の最後の箱に入っている a_{10} はその前にある 9 つの数字 a_1 から a_9 を使って計算することができることがわかりました．ここでは，何故このような量をわざわざ最後の箱に入れておくのかという理由を探ってみましょう．最初にも述べたように，人にとっては ISBN 符号を覚えることは大変です．数字を記憶するよりも，『数学入門』という日本語の方が他の言葉とのリンクが多くあって覚えやすいのです．さらに，ISBN 符号から S や T という量を計算することも普通の人には楽にはできません．これらからわかるように，ISBN 符号は人だけで運用することを想定していません．コンピュータが私たちの周りにあたりまえにあるような社会を前提にしています．コンピュータは同じことを繰り返し作業しても疲れないし，間違いもおこしません．それに比べて人はよく間違います．そう考えると a_{10} の役割がわかります．a_{10} は人の**誤り**を**検出する働き**があります．人がコンピュータにたくさんの本の情報を入力している場面を想像してください．10 個の数字と 3 つのハイフンを誤ることなしに作業するのは大変です．ではどのような間違いを人は起こしやすいでしょうか？それは次の 2 つだろうと思います．

> (1)　数字を 1 つだけ間違える．
> (2)　隣り合う 2 つの数字を入れ替えてしまう．

間違って入力された ISBN 符号を次のように書きます．

| b_1 | b_2 | b_3 | b_4 | b_5 | b_6 | b_7 | b_8 | b_9 | b_{10} |

コンピュータにあらかじめプログラムを与えておけば，入力された間違った ISBN 符号に対しても次の量 S' を計算します．

$$S' = \sum_{i=1}^{10} i \times b_i$$

そこで 2 つの量 S と S' を比べます．そのためには差 $S - S'$ をとって考えます．この量がそれぞれの間違いにたいしてどのような数になるか考えてみましょう．

(1) 数字を 1 つだけ間違えたとしましょう．この場合には間違いは 1 ヶ所だけです．その場所が a_i と b_i だとしましょう．i 以外の場所 j では $a_j = b_j$ なので $S - S'$ を計算すると消えてしまいます．そこでこうなります．

$$S - S' = i \times (a_i - b_i)$$

(2) 隣り合う 2 つの数字を入れ替えてしまったとしましょう．隣り合う 2 つの数字を入れ替えることが多いのですが，一般にして 2 つの場所の数字を入れ替えたことにしましょう．この場合には，a_i と a_j が入れ替わったとしましょう．すると，

$$b_i = a_j, \qquad b_j = a_i$$

となります．また間違えたというのだから a_i と a_j は異なった数字です．上の場合と同じように考えれば $S - S'$ には間違えた場所だけが現れます．したがって，

$$S - S' = (i \times a_i + j \times a_j) - (i \times a_j + j \times a_i)$$

したがって，

$$S - S' = (i - j)(a_i - a_j)$$

となります．これからコンピュータが「あなたは間違えましたよ」と教えられるのでしょうか？ その仕掛けはどこにあるのでしょうか？

2.4 誤り検出の仕掛け

誤り検出の仕掛けがうまく働く理由は次の数学的な事実にあります．

$$\boxed{11 \text{ は素数です．}}$$

私たちの生活の場所にはコンピュータが自然にそこにあるようになってきました．数学の特徴を，私は次の言葉で表現しています．

$$\boxed{\text{数学はいつでも，どこでも，誰にでも正しい．}}$$

人の脳は誰もが同じような化学物質を使い，電気信号を利用して，それを働かせています．その脳が似たような特徴をもつものを社会生活でも普及させるようになるのだと考えられるようになりました．社会で貨幣が通用しているのもそうです．数字の利用は今ではあたりまえです．これからはより高度な数学の概念が利用されるようになるのは必然ではないでしょうか．コンピュータはそれを後押しするでしょう．

ちょっと脱線してしまいました．11という数が使われているのは，それが素数だからですよ，という理由を説明しましょう．素数はこれ以上割ることのできない整数として見つかりました．小さい素数を書いておきましょう．

$$2, 3, 5, 7, 11, 13, 17, 19, 23, 29, 31, \cdots$$

素数が満たしている別の性質を説明しましょう．それは，素数はこれ以上割ることができない，という性質から導き出せますが，同じ程度には知られていません．

> a, b を2つの整数とします．その積 ab が素数 p で割り切れるとすると，a と b のどちらか一方は p で割り切れます．

これの対偶をとれば次の言い方もできます．

> a, b を2つの整数とします．a と b の両方が p で割り切れていないとすると，その積 ab は素数 p で割り切れません．

これを前に計算しておいた $S - S'$ の右辺に適用してみましょう．(1)の場合の右辺は i と $a_i - b_i$ です．ここで次の疑問の答えが得られます．

─＜疑問＞──
箱の中で数字が入れられる箱の個数はなぜ10個なのだろうか？

箱の数10は $10 = 11 - 1$ から定められました．これから，i は1から10までの間にあるので，

> i は11では割り切れていません．

この性質を i は満たしている必要があったので，箱の個数は10以下としたのです．もう一方は $a_i - b_i$ です．ここで a_i も b_i も X の場合も含めて考えても，

0 から 10 の間の数です．したがって，
$$-10 \leqq a_i - b_i \leqq 10$$
となります．しかし，-10 から 10 の間の数で，11 で割り切れる数はというと，0 しかありません．ところが a_i と b_i は異なる数ですから $a_i - b_i \neq 0$ です．したがって，$a_i - b_i$ は 11 では割り切れていません．ここで素数の性質をつかえば次のことが結論できました．

$S - S'$ は 11 では割り切れていません．

(2) の場合も似たような論法なので自分で考えてみましょう．これで (1), (2) の間違いを起こして，ISBN 符号を入力したときに何が生じるかがわかりました．ここで正しい入力の場合には，S が 11 で割り切れていたことを使うと，次のことがわかりました．

S' は 11 では割り切れません．

これが誤り検出の仕掛けです．

(1) 入力された ISBN 符号に対して S を計算します．
(2) S を 11 で割って，その余りを求めます．
(3) それが 0 以外の数なら，エラーメッセージが画面に出るようにします．

これでコンピュータが「あなたは間違えましたよ」と教えてくれたことになりました．人の間違いは (1), (2) のほかにもあります．それらすべての間違いに対してもエラーメッセージを画面に出すことはこの方法ではできません．もっと複雑にすれば，それにも答えることは可能だろうと思います．社会的には投資とそれに見合う対価を比較しなければなりません．

2.5 識別できる本の数

ISBN 符号が使われるようになったのは，そんなに昔ではありません．古い本を見ると，このような数字は書いてありません．一方で，9 個の箱に入れることのできる数は高々 10^9 ですから永遠に使い続けることができないのは当然です．この計算では 10 番目の箱には前の 9 つの箱から定まる量が入ることがわかったので，その影響を除いています．数学者にとっては，

> 自然数はすべて有限です．

　人の生きている時間，宇宙にふくまれる原子の数，地球に生きている生き物の数，地球が誕生してから地球上に生まれた命をもつものの数などなど，どれもが数学者にとっては有限なのです．しかしコンピュータの出現以来，考えが少し変わりました．有限の数に区別が生じたように思います．それはまた別の話になります．

　しかし人にとっては，自分の命の長さが，判断の基準のひとつです．そこで次のような疑問がうかびます．

＜疑問＞
　ISBN 符号は今後何年間使用できるのだろうか？

　ISBN 符号が使われるようになったのは，コンピュータが私たちの周りに当たり前のような存在になったことが理由にあるだろうと述べました．今から 100 年後にどのような機器が私たちの周りに現れ，それを自由に使いこなすことができることになっているか想像もできません．ISBN 符号の寿命をそんなに長く設定しても無駄になる，という考えが ISBN 符号を作った人の脳に浮かんだとしても不思議ではありません．疑問に戻りましょう．疑問を次の疑問に変えてみましょう．

＜疑問＞
　素数は 11 以外にもあるのに，何故 ISBN 符号では 11 が使われたのでしょうか？

もう一度箱に戻りましょう．

| 4 | − | | | | | | | | − | |

　本の識別に利用できるのは，真ん中にある 9 つの箱です．その内の 1 つには − 記号が入りますが，隣の − 記号と続けてはいけないので，7 つの箱にしか入れません．残りの 8 つの箱には 0 から 9 までの数字がはいるので，これらを総計すると次のことがわかります．

　日本の本にたいする異なる ISBN 符号の総数は 7×10^8 です．

日本で 1 年に発行される本の総数は調べていないのでわかりません．例えば，1 日に 1 万冊の本が新規に出版されるとしましょう．1 年では約 350 万冊ほどです．すると，

> 1 日に約 1 万冊の本が新規に出版されるとすると
> $7 \times 10^8 / 3500000 = 200$ ですから 200 年ほど使えます．

> 1 日に約 5 万冊の本が新規に出版されるとすると
> $7 \times 10^8 / (5 \times 3500000) = 40$ ですから 40 年ほど使えます．

知りたい数が桁数であれば，こういう粗い計算ですませます．

もし素数 7 を利用して ISBN 符号を作ったとしましょう．そのときには数字が入る箱の個数はいくつになりますか？答えは 6 です．箱の数が 4 つ減れば，識別できる本の数は 4 桁も少なくなり，これでは役に立ちません．素数 13 を利用すると数字が入る箱の個数は 12 個です．これでは識別できる本の数が 2 桁あがるので，人の命と比べれば長すぎます．さらに 10, 11, 12 が余りの数として現れるので X だけでは足りません．これで，作った人に確かめたわけではありませんが，素数 11 が利用された理由が想像できました．

2.6 2007 年に規格が改定された

数学の定理はいつまでも正しいのですが，現実に利用されているものは変化します．それでも ISBN 符号がこんなに早く改定されるとは思いもしませんでした．2007 年 1 月 1 日以降に出版される本に使用されている ISBN 符号は新しい規格になりました．この章に，今まで書いてきたことは訂正する必要があります．それは個人的に残念なだけでなく，数学的にもとても残念なことです．というのも，これまでに説明してきたように

> 古い規格では 11 が素数であることが重要な働きをしています．

したがって，素数が社会でも活躍していることが感じられます．ところが，改定された規格では素数の働きを利用していません．

これから，2007 年以降に出版される本に使用されている新しい ISBN 符号について説明をしておきましょう．これからの本には次のように表示されます．最

初に紹介した，『数学入門（上）』を例にとります．

ISBN978 − 4 − 00 − 416004 − 5

これを見ると，改定された規格では 978- が加わったように見えます．しかし最後の数が変わっています．規則を述べましょう．4 つのハイフン − は忘れて，13 個の数字にだけ注目します．

| a_1 | a_2 | a_3 | a_4 | a_5 | a_6 | a_7 | a_8 | a_9 | a_{10} | a_{11} | a_{12} | a_{13} |

このうちの 12 個の数字を使って次の量を計算します．

$$S_1 = a_1 + a_3 + a_5 + a_7 + a_9 + a_{11}$$

$$S_2 = a_2 + a_4 + a_6 + a_8 + a_{10} + a_{12}$$

この 2 つの量をつかって，a_{13} を次の性質がみたされる数として定めることができます．

$$a_{13} + S_1 + 3S_2 \text{ が } 10 \text{ の倍数になります．}$$

これが誤り検出の働きをすることになります．a_{13} を定めるには次のようにします．$S_1 + 3S_2$ を 10 で割ります．その余りが 0 ならば $a_{13} = 0$ と定めます．その余りが 0 でなければ，1 から 9 までの数になりますが，それを 10 からひいて，a_{13} と定めます．

この定め方から 0 から 9 までの数字しか使っていないことがわかります．X は使う必要がなくなりました．この改定された ISBN 符号にも誤り検出の機能はありますが，素数を利用していないので，その検出能力は低下しています．

> **＜問題＞**
>
> 起こした間違いが (1) の場合には新しい ISBN 符号でも誤りが検出できますが，起こした間違いが (2) の場合には新しい ISBN 符号では誤りが検出できない場合があることを確かめてください．

第 3 章
正五角形の描き方

　定規とコンパスを使って正三角形を描いてみましょう．最初に定規を使って線分を描きます．その両端にコンパスを立てて，線分と同じ長さの半径の円を 2 つ描きます．すると 2 ヶ所で 2 つの円は交わります．その点（交点と呼びます）と線分の両端を結べば，正三角形が 2 つ得られました．

　正方形はどう描けばよいでしょうか？今度は**直角を描く**ことが必要になります．それには上で使った方法がここでも役にたちます．2 つの円の交点を結んだ線分は最初に描いた線分と**直角に交わる**からです．

　正方形とは正四角形のことですから，次に考えるのは正五角形になります．正五角形を描いた記憶はありますか？

> **＜疑問＞**
> 正五角形はなぜ描くのが難しいのでしょう？

　それに答える前に，次に進んで正六角形はどうでしょうか？これは正三角形が 6 つ集まっていると考えれば，正三角形が描けたのだからこれも描けます．そこで上の疑問は次のように書くこともできます．

> **＜疑問＞**
> 正五角形は正三角形，正方形，正六角形とどこが異なるのでしょうか？

　別な言い方をしてみましょう．言い換えをしていくことで考える対象がはっきりしてきます．

> **＜問題＞**
> 3, 4, 6 は満たしているが，5 は満たさない性質は何でしょうか？

このように言い換えるとクイズのようになるでしょう．しかしテレビでよく見かけるクイズと違うところは答えを数学の世界の中で探さなければいけないところです．じつはそういう例にすでに出会っています．それはどこでしょうか？

次の表を眺めてください．

n	$\Phi_n(x)$
3	$x^2 + x + 1$
4	$x^2 + 1$
5	$x^4 + x^3 + x^2 + x + 1$
6	$x^2 - x + 1$

この表では，円分多項式 $\Phi_n(x)$ が $n = 3, 4, 6$ と $n = 5$ では違いがみられます．この違いが，正五角形が簡単に描けないことと関係しているのでしょうか？ 方程式にしてみると，この違いの意味はすぐわかります．**2 次方程式の解の公式**としてよく知られているものを使えば，次の表が埋まります．

n	$\Phi_n(x) = 0$ の解
3	$\dfrac{-1 + \sqrt{-3}}{2}, \dfrac{-1 - \sqrt{-3}}{2}$
4	$\sqrt{-1}, -\sqrt{-1}$
6	$\dfrac{1 + \sqrt{-3}}{2}, \dfrac{1 - \sqrt{-3}}{2}$

これらの値は**複素数**です．複素数は平面の点として表すことができます．その平面を**複素平面**とよんでいます．これらの解の複素数は複素平面上の点に定規とコンパスで描くことができます．それらの点を結ぶことで，正三角形，正方形，正六角形を描くこともできます．

図形を描くことは幾何の問題と思っていましたが，それが**方程式の解**を利用していることがわかりました．少し高度な数学にふれた気がするでしょう．さらに次のことが脳に思いつきませんか？

> **＜疑問＞**
> $\Phi_5(x) = 0$ の解がわかれば正五角形を描けるのではないだろうか？

今では $\Phi_5(x) = 0$ の解の求め方を教えなくなったようです．昔の高等学校では**相反方程式**という言葉と一緒に教えました．後に大学で**ガロワ理論**を教わったときに，相反方程式を考える意味が「そういうことだったんだ!」とわかった経験は忘れがたい印象として残っています．

3.1 $x^4 + x^3 + x^2 + x + 1 = 0$ の解を求める

相反方程式を解くのに使う技法を特別な場合に説明しましょう．この方程式を解くのに使う技法は次のような変数の置き換えをすることです．

$$y = x + \frac{1}{x}$$

両辺を 2 乗すると次の式が得られます．

$$y^2 = x^2 + 2 + \frac{1}{x^2}$$

一方，元の方程式の両辺を x^2 で割ると次の式が得られます．

$$x^2 + x + 1 + \frac{1}{x} + \frac{1}{x^2} = 0$$

それを並べ替えます．

$$x^2 + \frac{1}{x^2} + x + \frac{1}{x} + 1 = 0$$

これを y の式に直すことは簡単です．

$$(y^2 - 2) + y + 1 = 0$$

したがって，

$$y^2 + y - 1 = 0$$

元の x の式は 4 次式でした．だから解の公式を利用できなかったのです．しかし y の式は 2 次式です．解の公式が使えます．「やったー!」この方程式の解は次の

ようになります．

$$\frac{-1+\sqrt{5}}{2}, \quad \frac{-1-\sqrt{5}}{2}$$

これを x の式にもどしましょう．次の式を満たす複素数 x_1, x_2 があります

$$x_1 + \frac{1}{x_1} = \frac{-1+\sqrt{5}}{2}, \quad x_2 + \frac{1}{x_2} = \frac{-1-\sqrt{5}}{2}$$

3.2 正五角形を複素平面に描く

y の値までは求めることができましたが，$\Phi_5(x) = 0$ の解そのものである x_1, x_2 は得られていません．それで正五角形が描けるのでしょうか？ 私たちが得たのは次の式です．

$$x_1 + \frac{1}{x_1} = \frac{-1+\sqrt{5}}{2}$$

ここで，複素数を使って説明しましょう．$i = \sqrt{-1}$ すなわち 2 乗すると -1 になる数としましょう．中心が原点で半径が 1 の円周上にある複素数 x は次の形をしています．

$$x = \cos\theta + i\sin\theta$$

ここで次の式，

$$(\cos\theta + i\sin\theta)(\cos\theta - i\sin\theta) = \cos^2\theta + \sin^2\theta = 1$$

を用いると，

$$\frac{1}{x} = \cos\theta - i\sin\theta$$

したがって，

$$x + \frac{1}{x} = 2\cos\theta$$

詳しいことは付録 1 で述べますが，$x^5 - 1 = 0$ の解は複素数で次の形で書けています．

$$x_k = \cos\frac{2k\pi}{5} + i\sin\frac{2k\pi}{5}, \ k = 0, 1, 2, 3, 4$$

これらは，原点の周りを1周する角度 2π を5等分すると得られる角度 $0, \dfrac{2\pi}{5}, \dfrac{4\pi}{5}, \dfrac{6\pi}{5}, \dfrac{8\pi}{5}$ を持つ半径1の円周上の点の全体です．

ここで，前の節で与えた x_1, x_2 という複素数の具体的の形がわかりました．したがって次のような計算ができます．

$$\cos\frac{2\pi}{5} = \frac{-1+\sqrt{5}}{4}, \quad \cos\frac{4\pi}{5} = \frac{-1-\sqrt{5}}{4}$$

$\sqrt{5}$ という長さは直角を挟んだ2つの辺の長さが1と2である直角三角形の残りの辺の長さですから，それをコンパスで実軸上に移せます．その長さの線分から，定規とコンパスを使って，長さが $\dfrac{-1+\sqrt{5}}{4}, \dfrac{1+\sqrt{5}}{4}$ の線分をコンパスで描くことができます．これで

実軸上に原点から長さが $\cos\dfrac{2\pi}{5}, \cos\dfrac{4\pi}{5}$ になる点をコンパスで描けました．

---

x_1 は原点が中心で半径1の円周上の点で，実数部分が $\dfrac{-1+\sqrt{5}}{4}$ の点です．実軸上の $\dfrac{-1+\sqrt{5}}{4}$ の点から実軸に垂直な直線はコンパスと定規で描けます．この直線と円周との2つの交点のうちで，実軸の上側にある点が x_1 で，下側にある点が x_4 になります．実軸上の $\dfrac{-1-\sqrt{5}}{4}$ の点から実軸に垂直な直線はコンパスと定規で描けます．この直線と円周との2つの交点のうちで，実軸の上側にある点が x_2 で，下側にある点が x_3 になります．$x_0 = 1$ ですから，これで5つの点がそろいました．これらを直線で結べば正五角形の完成です．コンパスと定規を使うだけで正五角形を描くことができました．

第4章
剰余法2の世界との出会い

2つの整数 a, b があれば，それを加えた数 $a+b$，かけた数 ab たちも整数になります．例えば，次の式は誰でも知っています．

$$\boxed{1+1=2}$$

でもこれの使い方を間違える人はよくいます．この式の意味を説明しましょう．左の1と右の1はまったく区別のできない完全に同じものを表しています．それらが集まると2になるというのがこの式の意味です．2つの会社が合併したときに，「1＋1を3にするように努力しよう」という言葉が聞かれますが，これは式の意味を誤解しています．私たちの周囲には「まったく区別のできない同じもの」はないからです．2つの会社が合併する場合には，この2つの会社は違いがあるので，それを「1＋1」と表現することはできません．

整数は正の整数と0と負の整数からなっています．正の整数を右側に，負の整数は0をはさんで左側に並べるのが普通のイメージだと思います．右側にも，左側にも数はいくらでも並んでいて尽きることがないので，$\cdots$ とその様子を表します．

$$\cdots, -3, -2, -1, 0, 1, 2, 3, \cdots$$

前にも述べましたが，数学の特徴は次の言葉で表現できます．

$$\boxed{\text{いつでも，どこでも，だれにでも正しい．}}$$

この言葉が数学の働きをよく表しています．私たちの周りにあるもので似ているものを探せば次のものが上げられるでしょう．

$$\boxed{\begin{array}{l}(1)\ 生物が酸素を利用している．\\ (2)\ 脳がナトリウムイオンを利用している．\\ (3)\ 人は金を利用している．\end{array}}$$

これらから想像できるように，身近にいくらでもあるようなものを利用して，生命は生きてきたといえます．数は私たちの周囲にいくらでもあり，それを使って私たちの考えていることを表現できるのであれば，それを使うという戦略は生命の基本的な考えに沿っていると思います．数の種類も，今までに使い慣れた整数から，有理数，無理数，複素数と「新しい数」を見つけては増やして，それらを利用してきました．そこで，まだ馴染みは少ないですが，さらに「新しい数」を紹介しましょう．

整数全体は**偶数**と**奇数**という2つの集合に分けられます．

> 偶数 (2 の倍数) の全体 $= \{\cdots, -6, -4, -2, 0, 2, 4, 6, \cdots\}$
> 奇数 (2 の倍数でない整数) の全体 $= \{\cdots, -5, -3, -1, 1, 3, 5, \cdots\}$

偶数を2つ，例えば4, 6をとってそれらをたすと10になりますが，これは偶数です．偶数と奇数を1つずつ，例えば4, 5をとってそれらをたすと9になりますが，これは奇数です．奇数を2つ，例えば3, 5をとってそれらをたすと8は偶数です．これは，数をどんなに選んでも正しいので，次の表現が得られます．

> 偶数 + 偶数 = 偶数,   偶数 + 奇数 = 奇数,   奇数 + 奇数 = 偶数.

こんどはかけ算でやってみましょう．正の数を2つ，例えば4, 5をとってそれらをかけると20は正の数です．次はくどいようですから，まとめて次の表現が得られることはすぐわかります．正の数，負の数をそれぞれ正数，負数と略します．

> 正数 × 正数 = 正数,   正数 × 負数 = 負数,   負数 × 負数 = 正数.

最後に次の式を書いてみます．これは当たり前です．

> $0 + 0 = 0$, $0 + 1 = 1$, $1 + 1 = 2$

これら3つの式の組をいっしょに眺めてみましょう．似た印象を持ちませんか？そしてどこか一箇所，形がくずれて見える場所があるのですが，わかりますか？

偶数 + 偶数 = 偶数	偶数 + 奇数 = 奇数	奇数 + 奇数 = 偶数
正数 × 正数 = 正数	正数 × 負数 = 負数	負数 × 負数 = 正数
$0 + 0 = 0$	$0 + 1 = 1$	$1 + 1 = 2$

偶数	奇数	$+$
正数	負数	$\times$
0	1	$+$

似た印象を持つのは，それぞれの式は横に並んだ言葉を用いて書かれていて，それを縦にならんだ言葉に置き換えた式も正しい．ただしひとつの例外が，そこが「形がくずれて見える場所」と感じるのですが，あります．それは

$$\boxed{1+1=2}$$

整数の世界では，これは正しい．しかし形が整っていると感じるためには，次の式が必要です．

$$\boxed{1+1=0}$$

これは 0 と 1 を整数だと思えば正しくありません．ならば，この式が正しいような「新しい数」をつくればよいのではありませんか? それが**剰余法 2 の世界**です．かけ算についても並べてみましょう．

偶数×偶数＝偶数	偶数×奇数＝偶数	奇数×奇数＝奇数
$0\times 0=0$	$0\times 1=0$	$1\times 1=1$

自然に定義される $\{0,1\}$ のかけ算が偶数と奇数の間のかけ算と一致しています．

4.1 剰余法 2 の世界が露出している場所

> ＜剰余法 2 の世界＞
>
> 剰余法 2 の世界は 0 と 1 の 2 つの数だけがあります．

剰余法 2 の世界の $\{0,1\}$ と，よく知っている整数の $\{0,1\}$ とは違うものです．違うものを同じ記号で表すと混乱の恐れがないかと心配になりませんか? 新しいものに，いつも新しい記号や言葉を付けることにすると混乱の恐れはありませんが，記号や言葉は増えるばかりで脳はそれらをすべて覚えることができなくなります．すると，それらを使って考えることもできません．そこで，脳は次のような処理ができるようです．

> コンテクストで違いを見分けることができます.

コンテクスト＝文脈というのは，その言葉が置かれている場面のことです．$\{0,1\}$ の違いを見分けるために，次の文章が最初に置いてあると考えます．

> 今私が考えているものは，剰余法 2 の世界のものですと宣言しましょう．

剰余法 2 の世界のたし算，かけ算の規則は次のようになります．

―＜剰余法 2 の世界のたし算＞―
$$0+0=0, \quad 0+1=1, \quad 1+0=1, \quad 1+1=0$$

―＜剰余法 2 の世界のかけ算＞―
$$0\times 0=0, \quad 0\times 1=0, \quad 1\times 0=0, \quad 1\times 1=1.$$

これだけの約束で大丈夫でしょうか? 次の疑問がうかびませんか?

―＜疑問＞―
たった 2 つの数 0 と 1 だけで複雑な世界を表現できるのでしょうか?

この本を読み進めば，次の目標が追い求められていることに気がつくでしょう．

―＜目標＞―
私たちの知っている数学の対象によく似ているものを剰余法 2 の世界で探してみましょう．

剰余法 2 の世界でも複雑で興味ある，数学の対象が棲んでいるんだなあ，という印象を読者が持ってくださることを願っています．

数学の外にある対象にも剰余法 2 の世界の考えがないかを探してみましょう．本を識別するのに使われている ISBN 符号を思い出してみましょう．箱のなかに数字を入れて並べました．箱の数は 13 個ですが，出版されている本を長い間識別することができました．箱の数をさらに増やせば複雑さは増すばかりでしょう．

4.1 剰余法 2 の世界が露出している場所

箱の中に剰余法 2 の世界の 0, 1 たちを入れてみましょう．

| 0 | 1 | 1 | 0 | 0 | 1 | $\cdots$ |

これらは第 12 章で取り扱います．

次の言葉も，複雑な世界を簡単なものから理解しようとしたものです．

(1) 易経の八卦．
(2) 遺伝情報をのせた DNA．

易経では，陽と陰からあらゆる現象が生まれていると考えています．陽と陰を 3 つ並べると，八卦ができます．陽を 1，陰を 0 と置き換え，横に並んだ 3 つの箱に入れると八卦と対応する 8 個の数列ができます．

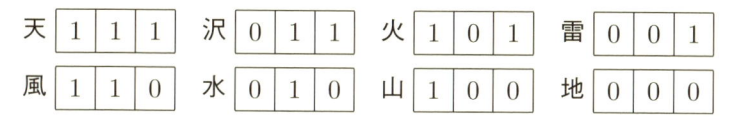

天 | 1 | 1 | 1 |　　沢 | 0 | 1 | 1 |　　火 | 1 | 0 | 1 |　　雷 | 0 | 0 | 1 |
風 | 1 | 1 | 0 |　　水 | 0 | 1 | 0 |　　山 | 1 | 0 | 0 |　　地 | 0 | 0 | 0 |

ここで使われている 0, 1 は剰余法 2 の世界の数ではないでしょうか？ 八卦を 2 つずつ組み合わせてできる六十四卦で世界を占うことができると，紀元前の中国人は考えました．森羅万象が陽と陰の 2 つで説明できるわけだから，「たった 2 つ」とは言えないでしょう．

易は紀元前の中国で生まれましたが，**DNA の 2 重らせん構造**は 20 世紀最大の科学の発見のひとつです．あらゆる生き物を構成している細胞は，人でも大腸菌でも藻でも同じ DNA を利用していることがわかりました．DNA は 4 種類の塩基アデニン，チミン，グアニン，シトシンの長いつながりの構造をしています．それらを A, T, G, C という 4 つの記号で表せば，次のように思えます．

DNA は長い数列の箱の中に，A, T, G, C という 4 つの記号を入れたものです．

| A | T | T | G | C | A | C | T | A | T | T | G | $\cdots$ |

人の DNA では塩基の個数は 30 億ぐらいですから，箱の個数がそれくらいの数列を考えるだけで，これだけ多様な人が生まれてくるのに十分なのです．

第 5 章

剰余法 m の世界が広がる

　偶数と奇数の間のたし算とかけ算を表現する「新しい数」を考えました．それに**剰余法 2 の世界**と名前をつけました．これは私たちが普通に算数と数学で使い慣れた世界とは異なる世界です．世界が異なれば，そこに住んでいるものたちも似ているものもありますが，違うものもあります．今自分がどの世界のことを考えているかを示す言葉として，**コンテクスト**があります．異なる世界に住んでいる対象たちを同時に扱うことはしないこと，それが守らなければいけない原則です．

> ＜原則＞
> 自分が今考えてる対象がいるコンテクストを忘れないことにしましょう．

　剰余法 2 の世界はまだ簡単なものですが，今まで知っていた整数とは違う世界があることを教えてくれました．目を開かせてくれたおかげで次の疑問がうかびます．

> ＜疑問＞
> 剰余法 2 の世界の 2 を他の数に変えられないだろうか？

　剰余法 2 の世界と似た世界が他にもないだろうか？と考えるのは自然なことです．**剰余法 3 の世界**，**剰余法 4 の世界**と広がっていきそうです．これはガウスが考案したものです．3 でやってみましょう．この世界での計算は次のような規則です．

$$1+0=1,\ 1+1=2,\ 1+2=0$$

　$1+2$ のように 3 以上になると，3 をひくことにします．必要であれば，さらに繰り返して 3 をひくことにするといつも 0, 1, 2 という 3 つの数しか使わないで

すみます．左端の列に 0, 1, 2 を並べ，上端の行に 0, 1, 2 を並べ，交差する場所にそれらの 2 つの数のたし算の結果を書き込みます．その結果は次のようになります．剰余法 3 の世界では 0, 1, 2 がありますが，これは剰余法 2 の世界の 0, 1 とは異なっています．さらに整数 0, 1 とも異なっています．同じ記号を使うけれど，**コンテクスト**を考えることで使い分けができるのが人の脳のやりかたなのです．私たちが使う言葉には，より上位の意味がこめられていて，人はそれを意識しないで理解したり，伝えたりしています．

剰余法 3 の世界のたし算

+	0	1	2
0	0	1	2
1	1	2	0
2	2	0	1

今度は 4 でやってみましょう．この計算は次のような規則でします．

$$1+0=1,\ 1+1=2,\ 1+2=3,\ 1+3=0$$

この場合には $1+3$ のように 4 以上になると，4 をひくことにします．必要であれば，さらに繰り返して 4 をひくことにするといつも 0, 1, 2, 3 という 4 つの数しか使わないですみます．左端の列に 0, 1, 2, 3 を並べ，上端の行に 0, 1, 2, 3 を並べ，交差する場所にそれらの 2 つの数のたし算の結果を書き込みます．その結果は次のようになります．

剰余法 4 の世界のたし算

+	0	1	2	3
0	0	1	2	3
1	1	2	3	0
2	2	3	0	1
3	3	0	1	2

5 と 6 と 7 の場合は結果だけ書いておきます．

剰余法 5 の世界のたし算

+	0	1	2	3	4
0	0	1	2	3	4
1	1	2	3	4	0
2	2	3	4	0	1
3	3	4	0	1	2
4	4	0	1	2	3

剰余法 6 の世界のたし算

+	0	1	2	3	4	5
0	0	1	2	3	4	5
1	1	2	3	4	5	0
2	2	3	4	5	0	1
3	3	4	5	0	1	2
4	4	5	0	1	2	3
5	5	0	1	2	3	4

剰余法 7 の世界のたし算

+	0	1	2	3	4	5	6
0	0	1	2	3	4	5	6
1	1	2	3	4	5	6	0
2	2	3	4	5	6	0	1
3	3	4	5	6	0	1	2
4	4	5	6	0	1	2	3
5	5	6	0	1	2	3	4
6	6	0	1	2	3	4	5

この表の規則性は簡単です．1つ下の行に進むと，左隣の箱に1つ進み，はじき出された数は最後尾にまわります．列についても似た性質があります．したがって，

> どの列，どの行を眺めてもそこに現れる数は互いに異なっています．

これから，a, b を剰余法 m の世界の数とすると，a の行に b がただ1つ現れています．それは，方程式 $a + x = b$ の解がただ1つ定まることを示しています．整数の世界では，方程式 $a + x = b$ に解があるようにするために，負の数が必要になったことを思い出してください．

> 剰余法 m の世界では負の数を考えることでは，新しい数は必要ありません．

剰余法 m の世界では，正の数，負の数といった区別はありません．しかし次の記号は便利なので使いましょう．

> a に対して，$a+b=0$ をみたす b のことを $-a$ と書きます．
> それを**マイナス a** とよびます．

すると，$1+(m-1)=0$ なので $m-1=-1$ となります．一般にも書いておきましょう．

a	0	1	2	3	$\cdots$	$m-2$	$m-1$
$-a$	0	$m-1$	$m-2$	$m-3$	$\cdots$	2	1

$-b$ という記号があると，ひき算を次で定めることができます．

> **＜ひき算の定義＞**
>
> a から b をひくことを $a+(-b)$ として定め，記号は $a-b$ で表します．

くどいようですが，**剰余法 7 の世界** まで書いたのは理由があります．これだけは私たちが日常使い慣れているからなのです．何か気がつきましたか？

> カレンダーの曜日は剰余法 7 の世界を利用しています．

カレンダーの曜日を剰余法 7 の世界の 0, 1, 2, 3, 4, 5, 6 と思うと，ある年のある月のある日の曜日の計算が簡単にできるようになります．

> **＜問題＞**
>
> 13 日が金曜日になる月が毎年，3 月から 10 月の間に必ずあることを証明してみましょう．

コンテクストで説明することが困難なときには次の記号を用いましょう．これが普通の数学の本でよく使われている記号です．

> **＜整数を法 m で考える＞**
>
> 整数 a を m で割ってその余りを r とすると剰余法 m の世界の数になる．それを $a \pmod{m}$ で表します．この本では，ただ r と表しています．

5.1 剰余法 m の世界のかけ算

こんどはかけ算でやってみましょう．最初は 3 のときです．このときもそうですが，$0 \times a = 0$, $a \times 0 = 0$ なのでかけ算の表を同じようにつくるときに，0 は省略することにします．ですから左端の列に 1, 2 を並べ，上端の行に 1, 2 を並べ，交差する場所にそれらの 2 つの数のかけ算の結果を書き込みます．このときに $2 \times 2 = 4$ ではなくて，$4 - 3 = 1$ ですから，$2 \times 2 = 1$ とします．

剰余法 3 の世界のかけ算

×	1	2
1	1	2
2	2	1

剰余法 4 の世界のかけ算

×	1	2	3
1	1	2	3
2	2	0	2
3	3	2	1

剰余法 5 の世界のかけ算

×	1	2	3	4
1	1	2	3	4
2	2	4	1	3
3	3	1	4	2
4	4	3	2	1

剰余法 6 の世界のかけ算

×	1	2	3	4	5
1	1	2	3	4	5
2	2	4	0	2	4
3	3	0	3	0	3
4	4	2	0	4	2
5	5	4	3	2	1

剰余法 7 の世界のかけ算

×	1	2	3	4	5	6
1	1	2	3	4	5	6
2	2	4	6	1	3	5
3	3	6	2	5	1	4
4	4	1	5	2	6	3
5	5	3	1	6	4	2
6	6	5	4	3	2	1

剰余法 10 の世界のかけ算

×	1	2	3	4	5	6	7	8	9
1	1	2	3	4	5	6	7	8	9
2	2	4	6	8	0	2	4	6	8
3	3	6	9	2	5	8	1	4	7
4	4	8	2	6	0	4	8	2	6
5	5	0	5	0	5	0	5	0	5
6	6	2	8	4	0	6	2	8	4
7	7	4	1	8	5	2	9	6	3
8	8	6	4	2	0	8	6	4	2
9	9	8	7	6	5	4	3	2	1

<問題>

このデータからパターンや特徴を探しましょう．

最初に気がつくのは次のことでしょう．

<観察>

かけ算の表に 0 が現れるものとそうでないものがあります．

これから次の問題が考えられます．

<問題>

かけ算の表に 0 が現れない m の特徴は何でしょうか？

　かけ算の表に 0 が現れる理由を考えてみます．0 が現れるのは a と b が交差している所だとします．この交差する箱に入れる数を計算する仕組みはこうでした．a と b の積 ab を普通に計算して，それから m を繰り返してひくことをして，0 から $m-1$ の数になったときの数を書き込んでいます．これは次のように書くこともできます：a と b の積 ab を普通に計算して，それを m で割った余りの数を書き込みます．

それが 0 になるということは，

> a と b の積 ab が m で割り切れます．

前に，これに似た文章に出会いました．覚えていますか？ そう ISBN 符号で 11 が素数であることを説明したときです．それはこうでした．

> a,b を 2 つの整数とします．a と b の両方が p で割り切れていないとすると，その積 ab が素数 p で割り切れない．

この 2 つの文章を比べてください．かけ算の表の枠の外に並べるのは 1 から $m-1$ までの数です．もし m が素数ならそれは m では割り切れていません．また，m が素数でないとすると，$m = ab$ と書けています．a,b は 2 から $m-1$ までの数ですから，a と b は表の列と行に現れます．したがって，a と b の交差する場所には 0 が現れます．ですから，次のことがわかりました．

> **＜定理＞**
> 剰余法 m の世界のかけ算の表に 0 が現れないのは m が素数のときに限ります．

次の問題も考えてみましょう．

> **＜問題＞**
> m が素数でないときに，かけ算の表の a の行に 0 が現れない a の特徴は何でしょうか？

データを集めましょう．

剰余法 m の世界	a の行に 0 が現れない
3	1, 2
4	1, 3
5	1, 2, 3, 4
6	1, 5
7	1, 2, 3, 4, 5. 6
10	1, 3, 7, 9

この表を眺めると，上の問題に答えが出せるでしょう．また，次の観察もできます．

> **＜観察＞**
>
> かけ算の表の a の行に 0 が現れないときは a の行には，1 から $m-1$ がただ 1 つ現れています．

これが正しいとします．b を 0 でないとすると，それが a の行にただ 1 つあります．よって，方程式 $ax = b$ の解がただ 1 つ定まることを示しています．これについては，後に出たときに詳しく説明します．

5.2 剰余法 m の世界のかけ算の表が満たす対称性

剰余法 5 の世界のかけ算の表を詳しく眺めてみましょう．同じ数が現れている場所に注目してみましょう．そのためには，他の数を消した表を作ってみましょう．

剰余法 5 の世界のかけ算に現れる 1 の位置

×	1	2	3	4
1	1			
2			1	
3		1		
4				1

剰余法 5 の世界のかけ算に現れる 2 の位置

×	1	2	3	4
1		2		
2	2			
3				2
4			2	

剰余法 5 の世界のかけ算に現れる 3 の位置

×	1	2	3	4
1			3	
2				3
3	3			
4		3		

剰余法 5 の世界のかけ算に現れる 4 の位置

×	1	2	3	4
1				4
2		4		
3			4	
4	4			

5 剰余法 m の世界が広がる

> **＜考えるヒント＞**
> 同じ数が現れている場所が対称になる直線や点を探してみましょう．

> **＜考えるヒント＞**
> 対称性が現れる理由を説明してくれる言葉は何でしょうか？

　この章の最初のところで，剰余法 m の世界でも $-a$ という数を定義しました．それを剰余法 5 の世界のかけ算の表に書き加えてみましょう．既にある場所の反対側，それは右の端の列と下の端の行になります．

剰余法 5 の世界のかけ算

×	1	2	3	4	
1	1	2	3	4	-4
2	2	4	1	3	-3
3	3	1	4	2	-2
4	4	3	2	1	-1
	-4	-3	-2	-1	

　これを利用して，考えるヒントから問題の答えを見つけましょう．

第 6 章
誕生日を当てるゲーム

　相手の誕生日を直接には尋ねないで，月の数と日の数を使って簡単な計算をしてもらって，その結果を教えてもらい，そのデータから相手の誕生日を当てるゲームが知られています．1 つの例を紹介しましょう．

<誕生日を当てるゲーム>
(1) あなたの誕生日の月と日を使って，次の計算をしてください．
(2) 日の数を 10 倍して月の数にたしてください．
(3) 求めた数を 2 倍してください．
(4) 求めた数に月の数をたしてください．
(5) 求めた数を私に教えてください．
(6) それでは，あなたの誕生日を私が当ててみせましょう．

<問題>
与えられた数からどのようにして誕生日を知るのでしょうか？

　誕生日の月の数を x，日の数を y として (5) で求めた数を式にしましょう．答えは簡単です．$20y + 3x$ です．上の問題は次の問題となりました．

<問題>
$20y + 3x$ から x と y を求められますか？

　普通は無理ですね．条件は何がありますか？ x は月の数ですから，1 と 12 の間の整数です．この条件があると，x が求められるのでしょうか？

6.1 剰余法 m の世界を利用する

整数の問題を考えるときに，剰余法 m の世界に写して考えることが有効なことを，これから何度も経験します．これがその最初になります．

> **＜問題＞**
> どの剰余法の世界に写せば問題の解決につながるでしょうか？

$20y + 3x$ は剰余法 10 の世界では $3x$ と同じです．剰余法 10 の世界では y の影響がありません．したがって，次の問題を考えればよいことになりました．

> 剰余法 10 の世界で $3x$ から x を知ることができますか？

剰余法 10 の世界のかけ算で $3x$ だけを取り出します．

x	0	1	2	3	4	5	6	7	8	9
$3x$	0	3	6	9	2	5	8	1	4	7

剰余法 10 の世界で $3x$ は全て異なっています．その理由は 3 が 10 と共通因子がないからです．例で計算してみましょう．誕生日を 9 月 10 日としてみましょう．$x = 9$, $y = 10$ ですから $20y + 3x = 227$ です．相手が教えてくれる数は 227 です．

> 227 は剰余法 10 の世界では 7 です．

> $3x$ が 7 となる x は上の表から $x = 9$ と定まります．

> $20y = 227 - 3 \times 9 = 200$ なので $y = 10$ と定まります．

> **＜問題＞**
> これで問題は解決でしょうか？

剰余法 10 の世界では $x = 1$, $x = 11$ の区別がつきません．どうしましょうか？ $20y + 3x$ は剰余法 20 の世界でも $3x$ と同じであることに気がつきますか？ 剰余法 10 の世界を利用したのは計算が簡単にできるという理由からでした．

> 剰余法 20 の世界では $x = 1$ と $x = 11$ を区別できるでしょうか？

剰余法 20 の世界のかけ算で $3x$ だけを必要なところだけ取り出します．

x	1	11	2	12
$3x$	3	13	6	16

誕生日を 1 月 14 日としてみましょう．$x = 1$, $y = 14$ ですから $20y + 3x = 283$ です．相手が教えてくれる数は 283 です．283 は剰余法 20 の世界では 3 です．$3x$ が 3 となる x は上の表から $x = 1$ と定まりました．$20y = 283 - 3 \times 1 = 280$ なので $y = 14$ と定まりました．

6.2　数字を変えたゲームを作る

誕生日を当てるゲームの仕組みを調べました．仕組みがわかれば，数字を変えたゲームが作れるようになります．

> **＜問題＞**
>
> 誕生日を当てるゲームを自分で作ってください．

例を 1 つ作ってみましょう．

> **＜誕生日を当てるゲームの変形＞**
>
> (1) あなたの誕生日の月と日を使って，次の計算をしてください．
> (2) 日の数と月の数をたしてください．
> (3) 求めた数を 2 倍してください．
> (4) 求めた数に日の数の 10 倍をたしてください．
> (5) 求めた数にさらに日の数をたしてください．

> **＜問題＞**
>
> 与えられた数から誕生日を知ることができることを確かめてください．

第 7 章

剰余法 p の世界は特別美しい

素数のことを英語では prime number といいます．そこで剰余法 m の世界でとくに m が素数のときを考えているのですよ，とコンテクストを確認するときは**剰余法 p の世界**とよぶことにします．剰余法 p の世界だけのかけ算を集めて眺めてみましょう．新たな性質が見つけられるかもしれません．

剰余法 3 の世界のかけ算

×	1	2
1	1	2
2	2	1

剰余法 5 の世界のかけ算

×	1	2	3	4
1	1	2	3	4
2	2	4	1	3
3	3	1	4	2
4	4	3	2	1

剰余法 7 の世界のかけ算

×	1	2	3	4	5	6
1	1	2	3	4	5	6
2	2	4	6	1	3	5
3	3	6	2	5	1	4
4	4	1	5	2	6	3
5	5	3	1	6	4	2
6	6	5	4	3	2	1

これらを眺めていると次のことに気がつきます．

<観察>
どの列，どの行を眺めてもそこに現れる数は互いに異なっています．

剰余法 m の世界のたし算から得られた表も同じ性質を満たしていました．それと比べると数の並び方は複雑です．剰余法 p の世界のかけ算が隠れていることは，表を眺めても思いつきません．剰余法 p の世界を考えることは思いがけない副産物をもたらしてくれます．これはその最初です．この観察が正しいことを証明するために詳しく考えてみましょう．行の場合の観察を言い換えると次の問題になります．

> **＜問題＞**
> $a \times 1, a \times 2, \cdots, a \times (p-1)$ は互いに異なっていますか？

この問題は $p-1$ 個の数が互いに異なっているかどうかを訊ねています．しかし，これらの数が $1, 2, \cdots, p-1$ のどれかになっていることは，これらの数が 0 ではない，ということからわかります．したがって，上の問題が正しいことがいえれば次のことが言えたことになります：$a \times 1, a \times 2, \cdots, a \times (p-1)$ は $1, 2, \cdots, p-1$ を並べ替えたものになります．

上の問題は次の問題に変えられます．

> **＜問題＞**
> i と j が異なれば，$a \times i$ と $a \times j$ は異なっていますか？

2 つの数が等しいかどうかを知りたいときには差をとって調べます．
$$a \times i - a \times j = a(i-j)$$
異なっていることは剰余法 p の世界で問われています．それは整数の世界では p で割り切れていないことを言えばよいことになります．これは前に似たことをしました．ISBN 符号で誤りを検出する仕組みを調べていたときでした．

> i と j が異なり，a が 0 でなければ $a(i-j)$ は 0 になりません．

したがって，i と j が異なり，a が 0 でなければ $a \times i$ と $a \times j$ は異なっています．これで行で観察された現象がすべての剰余法 p の世界で正しいことが証明できました．列で観察された現象は，かける順序を入れ替えれば証明できます．

<定理>

剰余法 p の世界のかけ算の表ではどの列，どの行を眺めてもそこに現れる数は互いに異なっています．

a,b を 0 でないとすると，a の行に必ず b があります．よって，方程式 $ax=b$ の解がただ 1 つ定まることが示されました．整数の世界では，方程式 $ax=b$ の解がいつもあるようにするためには，分数を考える必要がありました．

剰余法 p の世界では分数を考えることでは，新しい数は必要ありません．

次の記号は便利なので使いましょう：a に対して，$ab=1$ をみたす b のことを a^{-1} と書きます．それを a の**逆数**とよびます．a^{-1} を具体的に 1 から $p-1$ の数で書くことは，剰余法 p の世界ごとに計算しなければなりません．この定理から，もっと重要な結果も導かれます．**フェルマーの小定理**とよばれているものです．もちろんフェルマーの時代には剰余法 p の世界という言葉はまだありません．フェルマーが見つけたことを剰余法 p の世界で表現したものという意味になります．フェルマーの小定理を紹介し，それを証明しましょう．最初に次のことをよび出します．

$a\times 1, a\times 2, \cdots, a\times (p-1)$ は $1, 2, \cdots, p-1$ を並べ替えたものになります．

これらをすべてかけ合わせます．かけ算の順序は入れ替えることができるので次のようになります．

$$(a\times 1) \times (a\times 2) \times \cdots \times (a\times (p-1)) = 1 \times 2 \times \cdots \times (p-1)$$

ここで左辺にある a を集めて前にもってきます．a の個数は $p-1$ ですから，

$$a^{p-1} \times 1 \times 2 \times \cdots \times (p-1) = 1 \times 2 \times \cdots \times (p-1)$$

したがって，$(a^{p-1}-1) \times 1 \times 2 \times \cdots \times (p-1) = 0$ となるので，次の結論が得られます．

<フェルマーの小定理>

a が剰余法 p の世界の数で 0 でなければ，$a^{p-1}=1$ になります．

7.1 フェルマーの小定理をさらに掘り下げる

フェルマーの小定理を新しい表を作って確認してみましょう．それを**べき乗表**とよぶことにします．べき乗表の左端の列に剰余法 p の世界の 0 でない数を 1 から $p-1$ まで並べ，上端の行に n 乗する n を 1 から $p-1$ まで並べることにします．同じ記号ですが，その意味は違います．混乱しないようにしてください．左端の列にある a と，上端の行にある n とが交差する場所に a^n が入る表が**べき乗表**となります．

剰余法 3 の世界のべき乗表

	1	2
1	1	1
2	2	1

剰余法 5 の世界のべき乗表

	1	2	3	4
1	1	1	1	1
2	2	4	3	1
3	3	4	2	1
4	4	1	4	1

剰余法 7 の世界のべき乗表

	1	2	3	4	5	6
1	1	1	1	1	1	1
2	2	4	1	2	4	1
3	3	2	6	4	5	1
4	4	2	1	4	2	1
5	5	4	6	2	3	1
6	6	1	6	1	6	1

剰余法 11 の世界のべき乗表

	1	2	3	4	5	6	7	8	9	10
1	1	1	1	1	1	1	1	1	1	1
2	2	4	8	5	10	9	7	3	6	1
3	3	9	5	4	1	3	9	5	4	1
4	4	5	9	3	1	4	5	9	3	1
5	5	3	4	9	1	5	3	4	9	1
6	6	3	7	9	10	5	8	4	2	1
7	7	5	2	3	10	4	6	9	8	1
8	8	9	6	4	10	3	2	5	7	1
9	9	4	3	5	1	9	4	3	5	1
10	10	1	10	1	10	1	10	1	10	1

新しい表は新しいデータですから，それを観察すれば新しい規則性が見つかります．最初は列に注目しましょう．

> **＜観察＞**
>
> フェルマーの小定理から，最後の列はすべて 1 が並びます．

> **＜観察＞**
>
> $\dfrac{p-1}{2}$ 番目の列には半分は 1，もう半分は $p-1$ が現れています．

前に導入した記号を思い出すと，$1+(p-1)=0$ なので $p-1=-1$ となっています．この記号を使うと，$\dfrac{p-1}{2}$ 番目の列は $\dfrac{p-1}{2}$ 乗していますから，観察は次のように書くことができました．

> **＜観察＞**
>
> $a^{\frac{p-1}{2}} = 1$ または -1 となります．

7.2 べき乗表の観察を続ける

今度は行に注目して，べき乗表を観察してみましょう．かけ算の表との違いを探してみましょう．

> **＜観察＞**
>
> 1 から $p-1$ までの数がすべて現れている行もあれば，そうでない行もある．

そこで次の疑問が浮かびます．

> **＜疑問＞**
>
> 剰余法 p の世界のべき乗表には，1 から $p-1$ までの数がすべて現れている行がいつもありますか？

この疑問に答えるのは易しくはありません．このような行がいつもあるとして次の言葉を使うことにしましょう．

> **＜定義＞**
>
> $a^n (1 \leq n \leq p-1)$ が 1 から $p-1$ までのすべての数になるとき，a を原素とよびます．

今までの計算から原素を求めましょう．

剰余法 p の世界	3	5	7	11
原素	2	2, 3	3, 5	2, 6, 7, 8

科学では，ある仮説を正しいと思って，それを基にして建物を作ることがあります．建てられたものを具体的に見ることで，その仮説がもっともなものであるかどうか判断します．ここでそれをしてみましょう．

剰余法 p の世界には原素があると仮定してべき乗表を書き換えてみましょう．左端の列に a を原素として，$a, a^2, a^3, \cdots, a^{p-1}$ と並べることにします．上端の行には今までと同じ n 乗する n を 1 から $p-1$ まで並べることにします．原素が複数個あるときは，計算を楽にするために小さい数を選んでいます．

剰余法 3 の世界のべき乗表の変化形

	1	2
2	2	1
1	1	1

剰余法 5 の世界のべき乗表の変化形

	1	2	3	4
2	2	4	3	1
4	4	1	4	1
3	3	4	2	1
1	1	1	1	1

剰余法 7 の世界のべき乗表の変化形

	1	2	3	4	5	6
3	3	2	6	4	5	1
2	2	4	1	2	4	1
6	6	1	6	1	6	1
4	4	2	1	4	2	1
5	5	4	6	2	3	1
1	1	1	1	1	1	1

剰余法 11 の世界のべき乗表の変化形

	1	2	3	4	5	6	7	8	9	10
2	2	4	8	5	10	9	7	3	6	1
4	4	5	9	3	1	4	5	9	3	1
8	8	9	6	4	10	3	2	5	7	1
5	5	3	4	9	1	5	3	4	9	1
10	10	1	10	1	10	1	10	1	10	1
9	9	4	3	5	1	9	4	3	5	1
7	7	5	2	3	10	4	6	9	8	1
3	3	9	5	4	1	3	9	5	4	1
6	6	3	7	9	10	5	8	4	2	1
1	1	1	1	1	1	1	1	1	1	1

剰余法 13 の世界のべき乗表の変化形

	1	2	3	4	5	6	7	8	9	10	11	12
2	2	4	8	3	6	12	11	9	5	10	7	1
4	4	3	12	9	10	1	4	3	12	9	10	1
8	8	12	5	1	8	12	5	1	8	12	5	1
3	3	9	1	3	9	1	3	9	1	3	9	1
6	6	10	8	9	2	12	7	3	5	4	11	1
12	12	1	12	1	12	1	12	1	12	1	12	1
11	11	4	5	3	7	12	2	9	8	10	6	1
9	9	3	1	9	3	1	9	3	1	9	3	1
5	5	12	8	1	5	12	8	1	5	12	8	1
10	10	9	12	3	4	1	10	9	12	3	4	1
7	7	10	5	9	11	12	6	3	8	4	2	1
1	1	1	1	1	1	1	1	1	1	1	1	1

また新しい表が手にはいりました．観察して新しい規則性を見つけましょう．

> **＜観察＞**
>
> べき乗表の変化形では左上から右下への対角線をはさんで対称な形になっています．

これは驚きです．並べ方を変えると，単純な形をしていることが想像できました．この理由を考えてみましょう．

$$i 行 j 列にある数は (a^i)^j です.$$

整数の世界で教わったべき乗の計算の規則を剰余法 p の世界に写して考えてみると次の結果が得られます．

> **＜指数法則＞**
>
> 剰余法 p の世界でもべき乗の計算で指数法則 $(a^i)^j = a^{ij}$ が正しい．

したがって，$(a^i)^j = a^{ij} = a^{ji} = (a^j)^i$ が正しいので，i 行 j 列にある数と j 行 i 列にある数は等しいことが言えました．

> **＜定理＞**
>
> 原素があることが言えれば，べき乗表の変化形は左上から右下への対角線をはさんで対称な形になっています．

これから次のことが言えます：列に関する命題が正しいときには，それを行に関する命題に言い換えても正しい．列を行に置き換えても同じことが言えます．

ひとつ例をあげましょう．最後の列がすべて 1 であるのは $a^{p-1} = 1$ を意味していました．それは，フェルマーの小定理でした．一方，それを行に変えるとどうなるでしょう？

> 最後の行がすべて 1 であるのは $1^n = 1$, $1 \leqq n \leqq p-1$ を意味しています．それは当たり前のことです．

不思議な気がするでしょう．$a = p-1$ の行をは $a = -1$ と同じですから，この行は $p-1$ と 1 が交互に現れていることは簡単にわかります．したがって，前に観察した $n = \dfrac{p-1}{2}$ の列でも同じように $p-1$ と 1 が交互に現れていることがわかりました．

7.3 位数と出会う

行についての観察を続けましょう．

> 行に現れる 1 に注目してみましょう．

すべての行に 1 は必ず現れていることがわかりますから，そこで次の言葉を定義しましょう．

> **＜定義＞**
>
> 剰余法 p の世界の数 a について，$a^n = 1$ となる正の整数 n で最小のものを a の**位数**とよびます．

位数という言葉はここで初めて登場しましたが，大変役に立つ言葉です．付録1では位数が違う場面で現れています．付録3でも重要な役割をはたします．

> **＜目標＞**
>
> a の位数が持っている性質を探りましょう．

そのために最初にすることは，データを集めることです．べき乗表から数の位数を求めてみましょう．ここでも，剰余法 p の世界の数は原素を使って表して，それを通して眺めることが重要になります．

剰余法 3 の世界の位数の表

n	1	2
2^n	2	1
2^n の位数	2	1

剰余法 5 の世界の位数の表

n	1	2	3	4
2^n	2	4	3	1
2^n の位数	4	2	4	1

剰余法 7 の世界の位数の表

n	1	2	3	4	5	6
3^n	3	2	6	4	5	1
3^n の位数	6	3	2	3	6	1

剰余法 11 の世界の位数の表

n	1	2	3	4	5	6	7	8	9	10
2^n	2	4	8	5	10	9	7	3	6	1
2^n の位数	10	5	10	5	2	5	10	5	10	1

剰余法 13 の世界の位数の表

n	1	2	3	4	5	6	7	8	9	10	11	12
2^n	2	4	8	3	6	12	11	9	5	10	7	1
2^n の位数	12	6	4	3	12	2	12	3	4	6	12	1

<問題>
剰余法 p の世界の数 a の位数についての規則を見つけましょう．

次のことに気がついたでしょうか？

<推測>
剰余法 p の世界の数 $a \neq 0$ の位数は $p-1$ の約数です．

この推測の証明を考えてみましょう．a の位数を d とします．$p-1$ を d で割ったときの商を k，余りを r とします．すると，$p-1 = dk+r$ となります．a の行を d 個ずつに区切ります．それらを並べて見比べましょう．

| a | a^2 | a^3 | $\cdots$ | a^{d-1} | a^d |
| a^{d+1} | a^{d+2} | a^{d+3} | $\cdots$ | a^{d+d-1} | a^{2d} |

上と下にある箱の数を見比べましょう．
$$a^{d+i} = a^d \cdot a^i = 1 \cdot a^i = a^i$$
この計算を見れば上の段と下の段の数列は同じことがわかります．これを見て，推測の証明を考えてみましょう．証明したいことは，$p-1$ を d で割ったときの余りを r とするとき，$r=0$ となることを示すことです．
$$a^{p-1} = a^{dk+r} = a^{dk} \cdot a^r = (a^d)^k \cdot a^r = 1 \cdot a^r = a^r$$
なので，最初と最後を比べると $1 = a^r$ となります．d で割ったときの余りを r としたので，$0 \leq r < d$ となっています．ここで，位数の定義を思い出します．

> $a^n = 1$ となる自然数 n で最小のものを a の位数とよびました．

したがって，$0 < r$ とすると，$r < d$ なので位数の定義に矛盾します．よって，$r=0$ が言えました．したがって，推測を証明することができました．

<定理>
剰余法 p の世界の数 $a \neq 0$ の位数は $p-1$ の約数です．

この定理が教えてくれることは，a の行を d 個ずつに区切ると，ちょうど k 個の部分に分かれます．それを上から下へと並べると，すべて同じものになっているということです．

a	a^2	a^3	$\cdots$	a^{d-1}	1
a	a^2	a^3	$\cdots$	a^{d-1}	1
$\vdots$	$\vdots$	$\vdots$		$\vdots$	$\vdots$
a	a^2	a^3	$\cdots$	a^{d-1}	1

定理を読めば，次の問題が思い浮かびます．

― <問題> ―――――――――

剰余法 p の世界で，d を $p-1$ の約数とします．このとき位数が d となる数 $a \neq 0$ がいつもあるでしょうか？

問題があれば，すぐにデータに戻って調べるという習慣は身についたでしょうか？ 次の推測はすぐに得られるでしょう．

― <推測> ―――――――――

剰余法 p の世界で，d を $p-1$ の約数とします．このとき位数が d となる数 $a \neq 0$ がいつもあります．

7.4　部分群と出会う

数の位数を考えると，同じ集合が繰り返し現れることがわかりました．そこで，前に一度利用したべき乗表の変化形から同じ集合が繰り返す部分を消してみましょう．

考える問題にとって都合のよい表を作りましょう．

剰余法 3 の世界のべき乗表の変化形 (2)

	1	2
2	2	1
1	1	

剰余法 5 の世界のべき乗表の変化形 (2)

	1	2	3	4
2	2	4	3	1
4	4	1		
3	3	4	2	1
1	1			

剰余法 7 の世界のべき乗表の変化形 (2)

	1	2	3	4	5	6
3	3	2	6	4	5	1
2	2	4	1			
6	6	1				
4	4	2	1			
5	5	4	6	2	3	1
1	1					

剰余法 11 の世界のべき乗表の変化形 (2)

	1	2	3	4	5	6	7	8	9	10
2	2	4	8	5	10	9	7	3	6	1
4	4	5	9	3	1					
8	8	9	6	4	10	3	2	5	7	1
5	5	3	4	9	1					
10	10	1								
9	9	4	3	5	1					
7	7	5	2	3	10	4	6	9	8	1
3	3	9	5	4	1					
6	6	3	7	9	10	5	8	4	2	1
1	1									

剰余法 13 の世界のべき乗表の変化形 (2)

	1	2	3	4	5	6	7	8	9	10	11	12
2	2	4	8	3	6	12	11	9	5	10	7	1
4	4	3	12	9	10	1						
8	8	12	5	1								
3	3	9	1									
6	6	10	8	9	2	12	7	3	5	4	11	1
12	12	1										
11	11	4	5	3	7	12	2	9	8	10	6	1
9	9	3	1									
5	5	12	8	1								
10	10	9	12	3	4	1						
7	7	10	5	9	11	12	6	3	8	4	2	1
1	1											

― <問題> ―

整理された表を眺めて規則を見つけましょう．

剰余法 p の世界にいることにします．数 $a \neq 0$ の位数が d とします．上の表を眺めると，次のことに気がつきます．

― <推測> ―

$a, a^2, a^3, \cdots, a^{d-1}, a^d = 1$ は互いに異なっています．

これを証明しましょう．$1 \leq i < j \leq d$ で $a^i = a^j$ となったとしましょう．すると，$a^{j-i} = a^{i-i} = 1$ となります．これは，$0 < j-i < d$ なので，位数が d であることに矛盾します．したがって，推測が正しいことが証明できました．

これから原素について別な言い方が可能がなりました．もとの定義はこうでした：$a^n (1 \leq n \leq p-1)$ が 1 から $p-1$ までのすべての数になるとき，a を原素とよびました．位数という言葉を手に入れたので，別な言い方をすればこうなります．

> **＜定理＞**
> a が原素であることと，a の位数が $p-1$ であることは同じです．

今度は次の問題を考えてみましょう．

> **＜問題＞**
> $a, a^2, a^3, \cdots, a^{d-1}, a^d = 1$ という数からなる集合に特徴はありますか？

集合に記号を与えると，考えるのが便利になります．
$$H(a) = \{a, a^2, a^3, \cdots, a^{d-1}, a^d = 1\}$$
$H(a)$ はべき乗表の行に現れる数の集合です．$H(a)$ は**部分群**とよばれるもので，とてもよい性質を持っています．それらを見つけるのは＜考えるヒント＞にして残しておきます．

> **＜考えるヒント＞**
> a と b の位数が等しいときに，$H(a)$ と $H(b)$ を見比べるとどうでしょう？

> **＜考えるヒント＞**
> $H(a)$ の数をすべてたし合わせると何が見つかるでしょう？

第8章
剰余法 p の世界にある円上の点を数える

この本で私が語りたいと思っていることのひとつは，次のことです．

> 整数の世界とは異なる剰余法 p の世界があります．

そして，

> 剰余法 p の世界にも興味深いものが棲んでいます．

さらに

> 剰余法 p の世界の興味深いものを見つける方法はあります．

その方法は既に知っているものと比べて，剰余法 p の世界で似たものを探すことです．それを原理として掲げておきましょう．

> ＜発見の原理＞
> 整数の世界の対象には，剰余法 p の世界でも似た対象があるだろうか？といつも考えましょう．

整数の世界と言いましたが，それは有理数の世界，実数の世界と言ってもかまいません．

> 円を取り上げてみましょう．

円は誰もが思い浮かべられる簡単な対象です．黒板に丸い円を描くこともできますが，それでは剰余法 p の世界に写せません．そこで次の円の方程式を利用することにしましょう．

$x^2+y^2=1$ を満たす点 (x,y) の集合を円といいます.

x,y が実数とすると,これは黒板に書いた円と同じものです.x,y を有理数に制限すると,点は減りますがまだ無限に点があります.この話はピタゴラス数とつながるので,次の章で詳しく取り上げます.しかし,次の問題はどうでしょう.

> **＜問題＞**
> $x^2+y^2=1$ を満たす整数 (x,y) の組はいくつありますか?

これに答えることは簡単でしょうが,やってみましょう.x が整数なので,$0 \leq x^2$ です.したがって $0 \leq 1-y^2$ となります.よって,y は整数で,$y^2 \leq 1$ なので $y = -1, 0, 1$ のどれかになります.$y = -1$ または $y = 1$ とすると $x^2 = 0$ なので $x = 0$ となります.$y = 0$ とすると $x^2 = 1$ なので $x = -1, 1$ となります.

> **＜答＞**
> $x^2+y^2=1$ を満たす整数 (x,y) の組は $(\pm 1, 0)$, $(0, \pm 1)$ がすべてで,4つあります.

8.1 剰余法 p の世界の円

円を方程式で表すと,剰余法 p の世界で似た対象を探すことは簡単になります.次の定義は思いつくでしょう.

> **＜剰余法 p の世界の円＞**
> $x^2+y^2=1$ を満たす剰余法 p の世界の数 (x,y) の組を**剰余法 p の世界の円**といいます.

定義を見つけるのは出発点に立つことです.新しい対象に出会えば,そこに何か規則性を探す楽しみが生まれます.

剰余法 p の世界の円上の点の個数を数えてみよう.

最初に剰余法 2 の世界の円を取り上げてみましょう．整数のときと異なり，ここでは最初から $x = 0, 1$ しかありません．したがって，$x = 0$ ならば，$y^2 = 1$ なので $y = 1$ となります．$x = 1$ ならば，$y^2 = 0$ なので $y = 0$ となります．

―＜剰余法 2 の世界の円上の点＞――――――――

$x^2 + y^2 = 1$ を満たす剰余法 2 の世界の数の組は $(1, 0), (0, 1)$ の 2 つだけです．

剰余法 2 の世界の円上の点を求める方法は，剰余法 p の世界でも使えます．それは次のように整理されます．

―＜剰余法 p の世界の円上の点を見つける方法＞――――――――

(1) x を $0, 1, 2, \cdots, p - 1$ とおきます．
(2) x^2 を計算して，次に $-x^2$ を計算します．
(3) $1 + (-x^2)$ を計算します．
(4) x^2 を計算してあるので，それを利用して $y^2 = 1 + (-x^2)$ を満たす y を求めます．

この方法で剰余法 $3, 5, 7, 11, 13$ の世界の円の点を求めてみましょう．空白のところは，y が存在していません．

剰余法 3 の世界の円上の点

x	0	1	2
x^2	0	1	1
$-x^2$	0	2	2
$1 - x^2$	1	0	0
y	1, 2	0	0

剰余法 5 の世界の円上の点

x	0	1	2	3	4
x^2	0	1	4	4	1
$-x^2$	0	4	1	1	4
$1 - x^2$	1	0	2	2	0
y	1, 4	0			0

剰余法 5 の世界で $y^2 = 2$ を満たす y を探すときは次のようにします．1 行目で計算した x^2 の値の中に 2 が現れていないことを確かめます．したがって，$y^2 = 2$ を満たす y は存在しません．次の計算でも同様の観察を利用して点を見つけてください．

剰余法 7 の世界の円上の点

x	0	1	2	3	4	5	6
x^2	0	1	4	2	2	4	1
$-x^2$	0	6	3	5	5	3	6
$1-x^2$	1	0	4	6	6	4	0
y	1, 6	0	2, 5			2, 5	0

剰余法 11 の世界の円上の点

x	0	1	2	3	4	5	6	7	8	9	10
x^2	0	1	4	9	5	3	3	5	9	4	1
$-x^2$	0	10	7	2	6	8	8	6	2	7	10
$1-x^2$	1	0	8	3	7	9	9	7	3	8	0
y	1, 10	0		5, 6		3, 8	3, 8		5, 6		0

8.2 剰余法 p の世界の円上の点の個数の性質を探す

剰余法 p の世界の円上の点を求めてみましたが，規則がわかりません．そこで点の個数を数えることにしましょう．

剰余法 p の世界	2	3	5	7	11
剰余法 p の世界の円上の点の個数	2	4	4	8	12

$p=2$ は除外して考えると，この表から次の推測が得られます．

---<剰余法 p の世界の円上の点の個数の推測>---

p を奇素数とすると，剰余法 p の世界の円上の点の個数は 4 の倍数で，$p-1$ または $p+1$ のどちらかになります．

この推測を $p=13$ のときに確かめましょう．今度は前に計算したときに見つけた次の規則性を利用しましょう．

> $x \neq 0$ ならば，x と $p-x$ では $x^2 = (p-x)^2$ だから，
> x 座標が x と $p-x$ となる円上の点の個数は等しい．

したがって，円上の点の個数の計算の表は $x = \dfrac{p-1}{2}$ まででよろしい．これがあれば計算が楽になります．

剰余法 13 の世界の円上の点

x	0	1	2	3	4	5	6
x^2	0	1	4	9	3	12	10
$-x^2$	0	12	9	4	10	1	3
$1-x^2$	1	0	10	5	11	2	4
y	1, 12	0	6, 7				2, 11

この表から剰余法 13 の世界の円上の点の個数が 12 と数えられるので，$p = 13$ のときも推測が正しいことが確かめられました．

この表を一般の場合にも作れたと考えましょう．すると点の個数を数えるには次のようにすればよいでしょう．

x 座標が $x = 0$ の円上の点はいつも $(0, 1)$, $(0, p-1)$ の 2 つです．

x 座標が $x = 1$ の円上の点はいつも $(1, 0)$ だけです．

x が $2 \leqq x \leqq \dfrac{p-1}{2}$ のどれかのときは $x^2 \neq 1$ なので $1 - x^2 \neq 0$ です．よって，x 座標が x の円上の点はいつも 2 つあるか，1 つもないかのどちらかです．

点が 2 つある場合の x, $2 \leqq x \leqq \dfrac{p-1}{2}$ の個数を n としましょう．上の順番で点の個数を数えれば次のようになります．剰余法 p の世界の円上の点の個数は $2 + 2(1 + 2n)$ と表せます．したがって，$2 + 2(2n + 1) = 4 + 4n$ は 4 の倍数です．

＜定理＞

p を奇素数とすると，剰余法 p の世界の円上の点の個数は 4 の倍数です．

点の個数については，$p = 17$ の場合も考えましょう．

剰余法 17 の世界の円上の点

x	0	1	2	3	4	5	6	7	8
x^2	0	1	4	9	16	8	2	15	13
$-x^2$	0	16	13	8	1	9	15	2	4
$1-x^2$	1	0	14	9	2	10	16	3	5
y	1, 16	0		3, 14	6, 11		4, 13		

剰余法 p の世界	3	5	7	11	13	17
剰余法 p の世界の円の点の個数	4	4	8	12	12	16

したがって，p を奇素数とすると剰余法 p の世界の円上の点の個数は $p-1$ か $p+1$ のどちらかです，という推測は $p=17$ でも正しい．

こうなれば，推測は予想にしてもよいでしょう．次の問題はかなり難しいものです．

― <問題> ―

予想を証明してください．

次の疑問も浮かびます．

― <疑問> ―

整数の世界で $x^2+y^2=1$ を満たす組の個数が 4 だという事実は剰余法 p の世界の円上の点の個数が 4 の倍数になることを説明できるのでしょうか？

第 9 章
ピタゴラス数

ピタゴラスの定理（三平方の定理とも言います）はとてもよく知られています．

> **＜ピタゴラスの定理＞**
> 直角三角形の斜辺を c, 他の 2 辺を a, b とすると $a^2 + b^2 = c^2$ となります．

> a, b, c が自然数となる 3 つ組を**ピタゴラス数**とよびましょう．

ピタゴラス数の例はバビロニアの粘土板にきざまれていました．中国の数学書にも $(3, 4, 5)$ がピタゴラス数であることが書かれています．端も含めて，等間隔に 13 個の結び目をつくった紐をエジプト紐とよんでいます．$3 + 4 + 5 = 12$ なので，直角三角形を作ることができます．これを利用すると直角を簡単に描くことができます．他の例も書いておきましょう．$5^2 + 12^2 = 13^2$, $8^2 + 15^2 = 17^2$.

> **＜問題＞**
> ピタゴラス数は無数にあるでしょうか？

> a, b, c をピタゴラス数とします．d を自然数とすると $(da)^2 + (db)^2 = d^2(a^2 + b^2) = (dc)^2$ なので，da, db, dc もピタゴラス数です．

上の作り方で，1 組のピタゴラス数から無数のピタゴラス数が作り出せることがわかります．上の問題はそのままではつまらない問題になりました．

> つまらないからといって，すぐに捨てることはしません．
> つまらなくしている原因を取り除きます．

9 ピタゴラス数

<定義>

a, b, c に共通因子が 1 しかないとき，**原素的なピタゴラス数**とよびます。

こうすれば，次の問題はつまらなくありません。

<問題の変形>

原素的なピタゴラス数は無数にあるでしょうか？

a, c をともに割り切る素数 p があるとします。$a = pa_1, c = pc_1$ と書けます。$b^2 = c^2 - a^2 = (pc_1)^2 - (pa_1)^2 = p^2(c_1^2 - a_1^2)$ なので，b も p で割り切れます。この方法を真似ると次のことがわかります。ピタゴラス数のうち，2 つの数に 1 以外の共通因子があれば，原素的ではありません。

ピタゴラス数の見つけ方を紹介しましょう。$a^2 + b^2 = c^2$ の両辺を c^2 で割ります。

$$\left(\frac{a}{c}\right)^2 + \left(\frac{b}{c}\right)^2 = 1$$

この式の意味はこうです。半径 1 の円 $C : x^2 + y^2 = 1$ 上に点 $\left(\dfrac{a}{c}, \dfrac{b}{c}\right)$ があります。点 $\left(\dfrac{a}{c}, \dfrac{b}{c}\right)$ は座標がともに有理数ですから次のことがわかります。

半径 1 の円 $C : x^2 + y^2 = 1$ 上の点 $P(x, y)$ で座標がともに有理数になる点を見つけることができれば，ピタゴラス数が得られます。

<問題>

半径 1 の円 $C : x^2 + y^2 = 1$ 上の点 $P(x, y)$ で座標がともに有理数になる点を見つける方法はありますか？

運のよいことに，半径 1 の円 $C : x^2 + y^2 = 1$ 上には点 $Q(-1, 0)$ があります。そして点 Q の座標は有理数です。点 $Q(-1, 0)$ を通る直線 $\ell : y = t(x + 1)$ を考えましょう。円 C と直線 ℓ の交点 P を求めましょう。直線の式を 2 乗して円の

式に代入すると $x^2 + t^2(x+1)^2 - 1 = 0$ が得られます．整理して，$(t^2+1)x^2 + 2t^2 x + t^2 - 1 = 0$．これは x の 2 次式ですが 1 つの解は $x = -1$ なので次のように因数分解できます．
$$(x+1)\{(t^2+1)x + t^2 - 1\} = 0$$

したがって，2 つの解は $x = -1$ と $x = \dfrac{1-t^2}{1+t^2}$ です．この x の値から，y の値が $y = t\left(\dfrac{1-t^2}{1+t^2} + 1\right) = \dfrac{2t}{1+t^2}$ と求まります．したがって，
円 C 上には点 $\mathrm{P}\left(\dfrac{1-t^2}{1+t^2}, \dfrac{2t}{1+t^2}\right)$ があります．

t が有理数なら，点 P の座標は有理数です．逆に点 Q と異なる点 P の座標が有理数なら，直線 PQ の傾き t は有理数です．したがって，次の定理が証明できました．

> **＜定理＞**
>
> 半径 1 の円 $C : x^2 + y^2 = 1$ 上の点 $\mathrm{P}(x, y)$ で座標がともに有理数になるすべての点は t を有理数とすると次で与えられます．$x = \dfrac{1-t^2}{1+t^2}$, $y = \dfrac{2t}{1+t^2}$．ただし，点 Q は除きます．

9.1 原素的なピタゴラス数を求める

定理で求められた点 P から原素的なピタゴラス数を求めます．点 P は第一象限にあるとしてよいので傾き t は $0 < t < 1$ とできます．t を分数 $\dfrac{v}{u}$ と表せば，$u > v$ となり，u と v に共通因子は 1 しかない，とできます．するとこうなります．
$$x = \frac{u^2 - v^2}{u^2 + v^2}, \quad y = \frac{2uv}{u^2 + v^2}$$

これから原素的なピタゴラス数を得るには，$u^2 - v^2$ と $u^2 + v^2$ の共通因子を求める必要があります．$2u^2 = u^2 + v^2 + (u^2 - v^2)$，$2v^2 = u^2 + v^2 - (u^2 - v^2)$ に注目すると，$u^2 + v^2, u^2 - v^2$ の共通因子は，$2u^2, 2v^2$ の共通因子にもなります．

u, v は共通因子が 1 しかないので, $u^2 + v^2$, $u^2 - v^2$ の共通因子は 2 の約数になることがわかります.

> u, v の一方が偶数で他方が奇数のときは $u^2 + v^2$, $u^2 - v^2$ はともに奇数なので $u^2 + v^2$, $u^2 - v^2$ の共通因子は 1 です.

したがって $u^2 - v^2$, $2uv$, $u^2 + v^2$ が原素的なピタゴラス数になります.

> u, v がともに奇数のときは $u^2 + v^2$, $u^2 - v^2$ はともに偶数なので $u^2 + v^2$, $u^2 - v^2$ の共通因子は 2 です.

したがって $\dfrac{u^2 - v^2}{2}$, uv, $\dfrac{u^2 + v^2}{2}$ が原素的なピタゴラス数になります.

このままでは原素的なピタゴラス数が 2 つの異なる形をしているので定理が複雑になります. 次の工夫をするとそれが解消されます. u, v はともに奇数で, 共通因子は 1 とします. s, t を次のように定めます. $s = \dfrac{u+v}{2}$, $t = \dfrac{u-v}{2}$. u, v はともに奇数なので, s, t は自然数で, $s > t$ となります. $u = s+t$, $v = s-t$ となり, u, v は共通因子が 1 しかないので, s, t の共通因子も 1 となります. 計算によって, 次の式が正しいことがわかります.

$$2st = \frac{u^2 - v^2}{2}, \quad s^2 - t^2 = uv, \quad s^2 + t^2 = \frac{u^2 + v^2}{2}$$

このとき s, t の一方が偶数で他方が奇数であることもわかります.

これで, u, v はともに奇数のときは, s, t を上のように定めれば同じ形の原素的なピタゴラス数にすることができました. したがって, 次の定理が得られました.

> **＜定理＞**
>
> u, v を共通因子が 1 しかなくて, u, v の一方が偶数で他方が奇数とするとき, $u^2 - v^2, 2uv, u^2 + v^2$ は原素的なピタゴラス数になります. また, すべての原素的なピタゴラス数はこのようにして得られます.

9.2 原素的なピタゴラス数に規則性を探す

原素的なピタゴラス数の表を作りましょう.

u	v	u^2	v^2	u^2+v^2	u^2-v^2	$2uv$
2	1	4	1	5	3	4
3	2	9	4	13	5	12
4	1	16	1	17	15	8
4	3	16	9	25	7	24
5	2	25	4	29	21	20
5	4	25	16	41	9	40
6	1	36	1	37	35	12
6	5	36	25	61	11	60
7	2	49	4	53	45	28
7	4	49	16	65	33	56
7	6	49	36	85	13	84

整数を剰余法 m の世界で考えると，それが持っている規則が浮かび上がる経験をしてきました．

<観察>

u^2-v^2 と $2uv$ のどちらかは 3 で割り切れています．

これを剰余法 3 の世界を利用して証明をしましょう．

剰余法 3 の世界で $a^2+b^2=c^2$ を満たす組を探します．

a^2 と b^2 は，0, 1 のどちらかの値をとります．したがって，a^2+b^2 は $0+0=0$, $0+1=1$, $1+0=1$, $1+1=2$ の 4 つの可能性しかありません．これが c^2 に等しいとすると，その値は 0, 1 です．したがって，$1+1=2$ ではありえません．(a,b,c) を原素的なピタゴラス数とすると，a,b,c には共通因子は 1 しかありません．したがって，a,b,c がすべて 3 で割り切れることはないので，剰余法 3 の世界で $0+0=0$ には写りません．残った場合は，$1+0=1, 0+1=1$ になります．これから，b または a が 3 が割り切れていることがわかりました．

<問題>

ピタゴラス数を剰余法 5 の世界に写して規則性を見つけてください．

第 10 章
数列から作られる形式的べき級数が威力を発揮する

本を識別する ISBN 符号では 13 個の箱を考えて，箱の中に数字と記号を入れていました．有限個の箱を 1 列に並べる代わりに平面的に並べることも数学ではよく考えられます．行列がその代表的なものです．それはまた別のところで話しましょう．

ここでは箱が 1 列に無数に並んでいるとしましょう．有限個の箱を考えることは，あるところから先の箱にはすべて 0 が入っていると思えばよいので数列とはいつも無数の箱を考えているとしましょう．

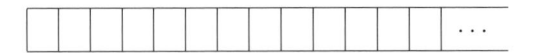

												...

この箱に数が 1 つずつ入っているとします．ISBN 符号では数字や記号が入っているとしたのと異なります．数学では，最初の箱に入っている数を 0 番目とかぞえるのが都合がよいことが多いので，その習慣に従います．そこで n 番目の箱に入っている数を a_{n-1} とします．

a_0	a_1	a_2	a_3	a_4	a_5	a_6	a_7	a_8	a_9	a_{10}	a_{11}	a_{12}	...

すべての箱に数が入っているようにするにはどうすればよいか考えてみましょう．n 番目の箱までに入っている数がすべて定まって，それから $n+1$ 番目の箱に入っている数 a_n を定めているのでは，有限な時間しか持っていない人には，無数の箱に数を入れることはできません．そこで 2 つの方法が考えられます．**直接的方法**と**間接的方法**です．直接的方法は次のようにします．

> a_n を n の関数として直接的に表します．

例をいくつか上げましょう．

$$\boxed{\begin{array}{ll} 例1 & a_n = 1 \\ 例2 & a_n = n+1 \\ 例3 & a_n = \dfrac{1}{2}(n+1)(n+2) \end{array}}$$

この例 3 では，100 番目の箱に入っている a_{99} を知るためには，$a_{99} = \dfrac{1}{2} \times 100 \times 101 = 5050$ と計算できます．直接的方法で数列を定めた場合では，どの箱でもそこの入っている数を知ることができます．

10.1 数列から形式的べき級数を作る

数列を表すのに，
$$\{a_n\}_{n=0}^{\infty}$$
という表現も便利です．箱を書くよりも簡単ですが，イメージが浮かびません．イメージを浮かべられるようになることは大切にするべきです．数列を表現するのに次のような**形式的べき級数**を利用することがあります．これを**数列の母関数**といいます．

$$G(x) = a_0 + a_1 x + a_2 x^2 + a_3 x^3 + \cdots = \sum_{n=0}^{\infty} a_n x^n$$

形式的べき級数という言葉は聞きなれませんが，とても便利なものです．使われない理由は，私の想像ですが，2 つあるように思います．

$$\boxed{\begin{array}{l} (1)\ \ 無限の項の和の形をしています． \\ (2)\ \ 関数と混乱する恐れがあります． \end{array}}$$

1 番目の理由を説明しましょう．形式的べき級数は無限の項をたし合せているようですが，「収束する」こととは無関係なのです．だから「形式的」，形だけの「べき級数」ですよ，という名前なのです．**無限等比級数**という言葉は知っているでしょう．ここでは，知っているように無限個の項の和が本当の数に収束していることを確認しなければいけないのでとても難しいものになります．もう一度言いますが，形式的べき級数は収束は考えていません．違いを区別できないのが混乱の原因です．この混乱はコンテクストを利用すれば避けられます．

2番目の理由を説明しましょう．形式的べき級数とは，数列を乗せている列車のようなものです．大事なのは，乗せている数列なのです．文字 x も x^n は n 番目の車両（箱ともいいますね）を強調するだけの役割です．x を変数と思って，そこに何か値を代入しようとはしていません．

この2つの理由があるので使用を差し控えているのだと想像されます．しかし，それは使い方を間違えると危ないからといって子供からいろんなものを遠ざける今の状況と似ています．

> 形式的べき級数をもっと使ってみましょう．

形式的べき級数があれば，それから係数を取り出すと，数列にもどることができます．例1，例2，例3の場合に対応する形式的べき級数を書いておきましょう．

$$\text{例 1} \quad G_1(x) = \sum_{n=0}^{\infty} x^n$$

$$\text{例 2} \quad G_2(x) = \sum_{n=0}^{\infty} (n+1)x^n$$

$$\text{例 3} \quad G_3(x) = \sum_{n=0}^{\infty} \frac{1}{2}(n+1)(n+2)x^n$$

形式的べき級数の長所は，次の計算ができることにあります．

> 形式的べき級数にはたし算とかけ算が定義できます．

2つの形式的べき級数のたし算とかけ算を次のように定めることにします．

$$G(x) = \sum_{n=0}^{\infty} a_n x^n, \quad H(x) = \sum_{n=0}^{\infty} b_n x^n$$

―― ＜形式的べき級数のたし算，かけ算＞ ――

$$G(x) + H(x) = \sum_{n=0}^{\infty} (a_n + b_n) x^n$$

$$G(x)H(x) = \sum_{n=0}^{\infty} \left(\sum_{k=0}^{n} a_{n-k} b_k \right) x^n$$

和と積の形式的べき級数から定まる数列を箱に入れてみましょう．まずたし算を書きましょう．これは簡単です．

| a_0+b_0 | a_1+b_1 | a_2+b_2 | a_3+b_3 | $\cdots$ |

次にかけ算です．これは後へ行くほど計算量が増えます．

| a_0b_0 | $a_1b_0+a_0b_1$ | $a_2b_0+a_1b_1+a_0b_2$ | $a_3b_0+a_2b_1+a_1b_2+a_0b_3$ | $\cdots$ |

箱の中の計算はいつも有限個のたし算とかけ算をしているので形式的べき級数のたし算，かけ算の計算のなかで「収束する」という作業は必要ありません．覚えたばかりの形式的べき級数のかけ算をさっそく使ってみましょう．

そこで例で作った形式的べき級数でかけ算をしてみましょう．

$$G_1(x)G_1(x) = (1+x+x^2+x^3+\cdots) \times (1+x+x^2+x^3+\cdots)$$

箱に入れてみましょう．

| 1×1 | $1\times 1+1\times 1$ | $1\times 1+1\times 1+1\times 1$ | $\cdots$ |

したがって，

| 1 | 2 | 3 | 4 | 5 | 6 | $\cdots$ |

これを眺めていると次のことがわかります．

$$G_1(x)G_1(x) = 1+2x+3x^2+4x^3+5x^4+6x^5+\cdots$$

これはどこかで見た形式的べき級数ですね．そうです．次の等式が成り立っています．

$$G_1(x)G_1(x) = G_2(x)$$

数列の世界で思っているよりも，形式的べき級数にしてみると，思いがけない関係が見つかりました．残りの関係式も確かめてください．

―─＜問題＞──────────

$G_3(x) = G_1(x)G_2(x)$ を確かめましょう．

こんどは次の計算をしてみましょう．

$$(1-x)G_1(x) = (1-x) \times (1+x+x^2+x^3+x^4+\cdots)$$

箱に入れてみましょう．

| 1×1 | $1\times 1 - 1\times 1$ | $1\times 1 - 1\times 1$ | $1\times 1 - 1\times 1$ | $\cdots$ |

これを眺めていると次のことがわかります．

$$(1-x)G_1(x) = 1$$

この式は $1-x$ と $G_1(x)$ をかけると 1 になる，といっています．次の記号は普通に使われています： $\dfrac{1}{1-x}$ は $1-x$ をかけると 1 になる形式的べき級数を表します．したがって，上に示した等式の意味は，べき級数の世界では $G_1(x)$ は次のようにも表せます，と言っています．

$$\frac{1}{1-x} = G_1(x)$$

するとこうなります．

$$\frac{1}{1-x} = 1 + x + x^2 + x^3 + x^4 + x^5 + \cdots$$

これはどこかで見たことのある式ですね．そう無限等比級数です．

＜無限等比級数の公式＞

$|r| < 1$ のとき，$\dfrac{1}{1-r} = 1 + r + r^2 + r^3 + r^4 + r^5 + \cdots$ となります．

混乱してきましたか？ 2 つの式は形はそっくりですが，コンテクスト（棲んでいる世界）が異なっています．無限等比級数のときは**右辺の級数は収束する**と，はっきり明言しています．だから $|r| < 1$ のときという条件が必要なのです．一方の形式的べき級数の場合の式の証明にはどこにも**収束する**という言葉はありません．

| 1 つの式には 1 つの意味しかない，わけではありません． |

形式的べき級数に戻りましょう．次の式も必要になります．収束は関係ありませんから，a はどんな数でも許されます．この式は後で使います．

$$\frac{1}{1-ax} = 1 + ax + a^2x^2 + a^3x^3 + a^4x^4 + a^5x^5 + \cdots$$

今までに証明した式を 2 つ並べます．

$$G_2(x) = G_1(x)G_1(x)$$
$$\frac{1}{1-x} = G_1(x)$$

これから次の式も得られました.

$$G_2(x) = \frac{1}{(1-x)^2}$$

この式は**パスカルの三角形**で再び現れます．興味がある人は，剰余法 2 の世界のパスカルの三角形と形式的べき級数の章に進んでもよいでしょう．今までのことを，次の言葉としてまとめておきましょう.

―＜まとめ＞――――――――――――――――――――――――

数列から作られる 形式的べき級数がよく知られた関数の形をしていることがわかれば，その数列の特徴がわかります．

10.2 漸化式の登場

a_n を n の関数として表せたときに、数列は直接的に定まっているとしました．そうではない方法があることを説明します．そのために 1 つ例をあげてみましょう.

| a_n は 1 つ前の a_{n-1} の簡単な式で書けていることがあります. |

このような例をいくつか上げてみます.

| 例 4 $\quad a_n = a_{n-1}$ |
| 例 5 $\quad a_n = a_{n-1} + 1$ |
| 例 6 $\quad a_n = a_{n-1} + n + 1$ |

この簡単な式を**漸化式**と呼びます．漸化式だけでは数列は定まりません．あと何が必要でしょうか? 最初に入る数だけは漸化式では定めることができません．そこで

| 最初の箱に入る a_0 を定めます. |

漸化式を使うだけでは定めることのできない数列の項たちを**最初の状態**とよぶことにします．上の例の場合では a_0 は漸化式からは求まりません．a_0 を定めると，漸化式を使って「ドミノ倒し」のように次々と箱に入る数が定まるのです．数列のドミノでは終わりがないので，比喩は適当ではないかもしれません．箱の上を右に進み，箱の中に数を書いていく自動機械を想像してください．その自動機械は漸化式というプログラムを設計されています．前の箱の情報を読み取り，今いる箱の数を決めて書きます．まとめるとこうなります．

> 最初の状態と漸化式があれば数列は定まります．

これが間接的な方法です．次の問題を考えてみましょう．

―＜問題＞――
間接的な方法で定められた数列を直接的にも表せないだろうか？

これも私たちが問題を発展させたいと思うときのいつも採用する方法です．

―＜問題の立て方＞――
新たに登場してきた対象が古くからあるものとどういう関係にあるのだろうか？

上の例たちでこのことを考えてみると次のことがわかります．これはただ眺めるだけですみます．

> $a_0 = 1$ とすると例 1 と例 4 は同じ数列になります．

―＜問題＞――
他の例たちでも考えてみましょう．

10.3　フィボナッチ数列の登場

次の問題を考えてみましょう．

> **＜問題＞**
> 間接的な方法で，もっと複雑な数列を作るためにはどうすればよいでしょうか？

それには漸化式の内容を複雑なものに変えればよいことに気がつきます．前のは，1つ前の箱の情報だけで定めました．利用する情報の数を増やせば複雑になります．次の例がすぐ思いつくでしょう．

a_n は1つ前の a_{n-1} と2つ前の a_{n-2} の簡単な式で書けていることがあります．

このような漸化式の中に有名なフィボナッチ数列 $\{F_n\}_{n=0}^{\infty}$ を生み出す漸化式があります．

$$F_n = F_{n-1} + F_{n-2}$$

このときは数列を定めるには，最初の箱の数を定めるだけでよいでしょうか？ それではだめですね．どうすればよいですか？ フィボナッチ数列では，$F_0 = 0, F_1 = 1$ と与えています．最初のいくつかの項を計算してみましょう．

| 0 | 1 | 1 | 2 | 3 | 5 | 8 | 13 | 21 | 34 | 55 | 89 | 144 | ⋯ |

これから形式的べき級数を作ります．

$$F(x) = \sum_{n=0}^{\infty} F_n x^n$$

> **＜疑問＞**
> 漸化式から定まる数列の母関数を計算する方法はありますか？

フィボナッチ数列の場合にその方法を紹介しましょう．これを計算するには次のようにします．3つの形式的べき級数を次のように並べます．

$$F(x) = F_0 + F_1 x + F_2 x^2 + \cdots + F_n x^n \; + \cdots$$
$$xF(x) = F_0 x + F_1 x^2 + \cdots + F_{n-1} x^n + \cdots$$
$$x^2 F(x) = F_0 x^2 + \cdots + F_{n-2} x^n + \cdots$$

そして n が 2 以上ならば次のことに気がつきます．

$\boxed{F(x) - xF(x) - x^2 F(x) \text{ の } x^n \text{ の係数が } F_n - F_{n-1} - F_{n-2} \text{ になります．}}$

したがって，n が 2 以上は漸化式が満たされているので消えてしまいます．そして残った式は，
$$F(x) - xF(x) - x^2 F(x) = x$$
そして次の式が得られました．
$$F(x) = \frac{x}{1 - x - x^2}$$

この方法はよく覚えておいてください．後でもう一度，違う世界で使うことになりますから．これではまだ数列が直接的に表せたとはいえません．でもここから先は別の世界の言葉が有効です．それは**有理式**の世界です．

10.4　有理式の世界を通り抜ける

2 次方程式の解を公式から求めます．$t^2 - t - 1 = 0$ の解は $\alpha = \dfrac{1 + \sqrt{5}}{2}$，$\beta = \dfrac{1 - \sqrt{5}}{2}$ です．これは次の因数分解と同じです．
$$t^2 - t - 1 = (t - \alpha)(t - \beta)$$
$t = \dfrac{1}{x}$ を代入して整理すれば，これは次の式に書けます．
$$1 - x - x^2 = (1 - \alpha x)(1 - \beta x)$$
これから次の式で有理式の世界に入ります．
$$\frac{x}{1 - x - x^2} = \frac{1}{\alpha - \beta} \left(\frac{1}{1 - \alpha x} - \frac{1}{1 - \beta x} \right)$$

この式が正しいことは右辺を通分すれば簡単に確かめられます．大事なことは，左辺の式がいつも右辺の形の有理式で表せることを知っていることです．

10.5 ビネの公式

形式的べき級数に戻ります．フィボナッチ数列から作られる形式的べき級数の式はこうでした．

$$F(x) = \frac{x}{1-x-x^2}$$

有理式の世界で，右辺の式を次のように変形しました．

$$\frac{x}{1-x-x^2} = \frac{1}{\alpha-\beta}\left(\frac{1}{1-\alpha x} - \frac{1}{1-\beta x}\right)$$

したがって，

$$F(x) = \frac{1}{\alpha-\beta}\left(\frac{1}{1-\alpha x} - \frac{1}{1-\beta x}\right)$$

この式をさらに変形するために次の式を思いだします．

$$\frac{1}{1-ax} = 1 + ax + a^2x^2 + a^3x^3 + a^4x^4 + a^5x^5 + \cdots$$

この式を $a = \alpha, \beta$ として利用すると，

$$\frac{1}{\alpha-\beta}\left(\frac{1}{1-\alpha x} - \frac{1}{1-\beta x}\right)$$
$$= \frac{1}{\alpha-\beta}((1+\alpha x+\alpha^2 x^2+\cdots) - (1+\beta x+\beta^2 x^2+\cdots))$$

が言えました．そこで，

$$F(x) = \frac{1}{\alpha-\beta}((1+\alpha x+\alpha^2 x^2+\cdots) - (1+\beta x+\beta^2 x^2+\cdots))$$

整理すると，

$$F(x) = \frac{1}{\alpha-\beta}((\alpha-\beta)x + (\alpha^2-\beta^2)x^2 + (\alpha^3-\beta^3)x^3 + \cdots)$$

この式の両辺の x^n の係数を比べれば，それらは等しいはずです．したがって，

$$F_n = \frac{\alpha^n - \beta^n}{\alpha - \beta}$$

これでフィボナッチ数列を直接的に関数の形で表すことができました．この式をビネの公式とよんでいます．

第 11 章
数式がいっぱい

a, b, c を文字とします．そのとき次の問題を高校で解いたことがありますか？

> **＜問題＞**
> $$\frac{1}{(a-b)(a-c)} + \frac{1}{(b-a)(b-c)} + \frac{1}{(c-a)(c-b)} = ?$$

この式の作り方から説明しましょう．この式の第 1 項の分母は $(a-b)(a-c)$ です．a が前にあり，b と c が後ろにあります．この項では，a が主人公で，b と c が従者です．第 2 項では，今度は b が主人公で，a と c が従者とします．そうすると分母は $(b-a)(b-c)$ の形になります．そして第 3 項では c が主人公ですので，分母は $(c-a)(c-b)$ となります．数学の式はこのように言葉で説明がつけられるとすこしわかったことになります．

この計算をするときも，通分すればよいのですが主人公が項ごとに違っていたので，第 1 項では $(a-b)$ となっていたのが，第 2 項では $(b-a)$ の形をしています．符号が逆転しています．同様に，第 1 項では $(a-c)$ で，第 3 項では $(c-a)$ となっています．

> **＜問題＞**
> この式を通分するには，何をかければよいでしょうか？

通分するときに，かける式は a, b, c のどれもが主人公にならないようにします．すると次の式が思いつくでしょう．

$$\boxed{\text{両辺に } (a-b)(b-c)(c-a) \text{ をかけます．}}$$

すると，各項から次の因子が取り出せます．

$$-(b-c)-(c-a)-(a-b)$$

この式の計算は簡単ですね．

$$-(b-c)-(c-a)-(a-b) = -b+c-c+a-a+b = 0$$

よって，

$$\frac{1}{(a-b)(a-c)} + \frac{1}{(b-a)(b-c)} + \frac{1}{(c-a)(c-b)} = 0$$

では，似たような次の問題たちはどうでしょう．

> **＜問題＞**
>
> $$\frac{a}{(a-b)(a-c)} + \frac{b}{(b-a)(b-c)} + \frac{c}{(c-a)(c-b)} = ?$$

> **＜問題＞**
>
> $$\frac{a^2}{(a-b)(a-c)} + \frac{b^2}{(b-a)(b-c)} + \frac{c^2}{(c-a)(c-b)} = ?$$

これらも同じ方法を使います．1番目の式の両辺に $(a-b)(b-c)(c-a)$ をかけて，整理してみましょう．

$$-a(b-c)-b(c-a)-c(a-b) = -ab+ac-bc+ab-ac+bc = 0$$

したがって，こうなります．

$$\frac{a}{(a-b)(a-c)} + \frac{b}{(b-a)(b-c)} + \frac{c}{(c-a)(c-b)} = 0$$

次の式は，

$$-a^2(b-c)-b^2(c-a)-c^2(a-b) = -a^2b+a^2c-b^2c+ab^2-ac^2+bc^2$$

となります．前のときのように，互いに消しあってはいません．これは工夫が必要です．次のように a についての多項式とみて整理します．

$$-a^2b+a^2c-b^2c+ab^2-ac^2+bc^2 = -a^2(b-c)+a(b^2-c^2)-(b^2c-bc^2)$$

すると，
$$-a^2(b-c) + a(b-c)(b+c) - bc(b-c)$$
となり，$(b-c)$ が共通にあるのでそれを取り出すことができます．
$$-(b-c)(a^2 - a(b+c) + bc) = -(b-c)(a-b)(a-c)$$
これから次の答えが得られました．
$$\frac{a^2}{(a-b)(a-c)} + \frac{b^2}{(b-a)(b-c)} + \frac{c^2}{(c-a)(c-b)} = 1$$

これらの計算から，次の問題の答えが想像できますか？

＜問題＞

$$\frac{a^3}{(a-b)(a-c)} + \frac{b^3}{(b-a)(b-c)} + \frac{c^3}{(c-a)(c-b)} = ?$$

3回目の計算の順序に従えば，この場合の計算も難しくはないでしょう．やってみてください．

今ではコンピュータに数式処理ソフトが装備されています．私はよくそれを使います．それだとすぐに答えが得られます．それを使って a^3 を $a^4, a^5, \cdots$ と変えたときの結果を苦労しないで手にすることができます．コンピュータを利用できない人のために答えを書いてみましょう．式が長くなるので次の記号を用意します．

$$S_n = \frac{a^n}{(a-b)(a-c)} + \frac{b^n}{(b-a)(b-c)} + \frac{c^n}{(c-a)(c-b)}$$

この記号を使えば，答えは次のように書けています．

$S_3 = a + b + c$

$S_4 = a^2 + ab + ac + b^2 + bc + c^2$

$S_5 = a^3 + a^2b + a^2c + ab^2 + abc + ac^2 + b^3 + b^2c + bc^2 + c^3$

これから，すべての自然数 n について次の問題の答えが想像できますか？

> **＜問題＞**
>
> S_n を a, b, c の関数として書いてください．

11.1　形式的べき級数の登場

さっきの問題がさっと解けた人は数学の力に自信をもってよいでしょう．普通はなかなか解けません．ところが形式的べき級数を使うと誰でも解けてしまいます．形式的べき級数の威力を感じてもらいます．形式的べき級数をつくるには数列が必要です．

> **＜考えるヒント＞**
>
> 数列はどこにありますか？

知りたいものは一般項が S_n の数列です．これから形式的べき級数 $S(x)$ を作ってみましょう．

$$S(x) = \sum_{n=0}^{\infty} S_n x^n$$

ここに S_n を定義した式を代入して整理しましょう．

$$\frac{1}{(a-b)(a-c)} \sum_{n=0}^{\infty} a^n x^n + \frac{1}{(b-a)(b-c)} \sum_{n=0}^{\infty} b^n x^n + \frac{1}{(c-a)(c-b)} \sum_{n=0}^{\infty} c^n x^n$$

見慣れた形式的べき級数が式のなかに現れてきました．その形式的べき級数を有理式に戻しましょう．するとこうなります．

$$\frac{1}{(a-b)(a-c)(1-ax)} + \frac{1}{(b-a)(b-c)(1-bx)} + \frac{1}{(c-a)(c-b)(1-cx)}$$

これは最初の問題と似ていることに気がつくでしょう．これをさらに計算できないでしょうか？

11.2　最初の問題に戻る

次の問題はどうでしょう．

> **＜問題＞**
> $$\frac{1}{(a-b)(a-c)(a-d)} + \frac{1}{(b-a)(b-c)(b-d)}$$
> $$+ \frac{1}{(c-a)(c-b)(c-d)} + \frac{1}{(d-a)(d-b)(d-c)} = ?$$

これは最初の問題が $\{a, b, c\}$ という 3 つの文字から作られていたのを，その個数を増やして $\{a, b, c, d\}$ という 4 つの文字から同じ規則で作った式になっています．この計算は前にしたほどは簡単ではありません．ここで

$$d = \frac{1}{x} \text{ としてみましょう．}$$

最初の 3 つの項だけを取り出すとこうなります．

$$\frac{1}{(a-b)(a-c)(a-\frac{1}{x})} + \frac{1}{(b-a)(b-c)(b-\frac{1}{x})} + \frac{1}{(c-a)(c-b)(c-\frac{1}{x})}$$

この式の分母と分子に $-x$ をかけるとこうなりました．

$$\frac{-x}{(a-b)(a-c)(1-ax)} + \frac{-x}{(b-a)(b-c)(1-bx)} + \frac{-x}{(c-a)(c-b)(1-cx)}$$

これは数列 $\{S_n\}$ から作られた形式的べき級数を $-x$ 倍したものに一致しています．残っていた項にも同じことをしてみましょう．

$$\frac{1}{\left(\frac{1}{x} - a\right)\left(\frac{1}{x} - b\right)\left(\frac{1}{x} - c\right)}$$

この式の分母と分子に x^3 をかけるとこうなりました．

$$\frac{x^3}{(1-ax)(1-bx)(1-cx)}$$

形式的べき級数でおなじみの式たちばかりの登場です．この節の最初に出した問題の答えは

> **＜答＞**
> $$\frac{1}{(a-b)(a-c)(a-d)} + \frac{1}{(b-a)(b-c)(b-d)}$$
> $$+ \frac{1}{(c-a)(c-b)(c-d)} + \frac{1}{(d-a)(d-b)(d-c)} = 0$$

です．するとこれまでの計算を整理すると次の式が得られました．

$$-x\sum_{n=0}^{\infty} S_n x^n + \frac{x^3}{(1-ax)(1-bx)(1-cx)} = 0$$

これを 2 つに分けて等式の形にすると

$$\sum_{n=0}^{\infty} S_n x^n = \frac{x^2}{(1-ax)(1-bx)(1-cx)}$$

となります．これから S_n を計算するためには，右辺の形式的べき級数の x^n の係数を求めればよいことになりました．

$$\frac{x^2}{(1-ax)(1-bx)(1-cx)} = x^2 \left(\sum_{i=0}^{\infty} a^i x^i\right)\left(\sum_{j=0}^{\infty} b^j x^j\right)\left(\sum_{k=0}^{\infty} c^k x^k\right)$$

右辺を 1 つの式にまとめると

$$x^2 \left(\sum_{i=0,j=0,k=0}^{\infty} a^i b^j c^k x^{i+j+k}\right)$$

この式で，x^n の係数を集めると答えが得られました．ここで n は 2 以上としています．

$$S_n = \sum_{i \geqq 0, j \geqq 0, k \geqq 0, i+j+k=n-2} a^i b^j c^k$$

11.3 式は続くよ，どこまでも

では，次の式の計算はどうすればよいでしょう?

$$T_n = \frac{a^n}{(a-b)(a-c)(a-d)} + \frac{b^n}{(b-a)(b-c)(b-d)}$$
$$+ \frac{c^n}{(c-a)(c-b)(c-d)} + \frac{d^n}{(d-a)(d-b)(d-c)}$$

今度も形式的べき級数 $T(x)$ を作ることにします．

$$T(x) = \sum_{n=0}^{\infty} T_n x^n$$

この形式的べき級数の計算は前と同じ考えが使えることはわかるでしょう．だとすれば，それから先も同じような計算をすることになります．結果も似たようなものになるのでしょうか？

第12章

剰余法2の世界の多項式と整数は似ている

剰余法2の世界を紹介したところで次のことを書きました．

> たった2つの数0と1でも数列を考えれば複雑な世界が現れます．

ここでは，具体的にどのようなことが現れるのかその一端を見ていきましょう．文字 x の多項式を剰余法2の世界で考えます．数列から形式的べき級数がつくられるという見方をすると，有限個の項しかない数列は**多項式**と思うことができます．剰余法2の世界では係数は0または1しかありません．剰余法2の世界で，文字 x の多項式（これを簡単に多項式ということにしましょう）を順番に，数え忘れがないように数え上げていきます．そのために多項式の**次数**という言葉を使います．

> **＜ n 次式の定義＞**
>
> 多項式 $f(x) = a_0 + a_1 x + a_2 x^2 + \cdots + a_n x^n$ で a_n が 0 でないとき，$f(x)$ の次数は n ということにします．$f(x)$ は n **次式**ともいいます．

これで1次式，2次式と順番にすべてを書き上げていけば数え忘れがなくなります．

1次式	$x, \quad x+1$
2次式	$x^2, \quad x^2+1, \quad x^2+x, \quad x^2+x+1$
3次式	$x^3, \quad x^3+1, \quad x^3+x, \quad x^3+x+1$ $x^3+x^2, \quad x^3+x^2+1, \quad x^3+x^2+x, \quad x^3+x^2+x+1$
4次式	$x^4, \quad x^4+1, \quad x^4+x \quad x^4+x+1$ $x^4+x^2, \quad x^4+x^2+1, \quad x^4+x^2+x, \quad x^4+x^2+x+1$ $x^4+x^3, \quad x^4+x^3+1, \quad x^4+x^3+x, \quad x^4+x^3+x+1$ $x^4+x^3+x^2, \quad x^4+x^3+x^2+1, \quad x^4+x^3+x^2+x$ $x^4+x^3+x^2+x+1$

ここで問題です．

> **＜問題＞**
>
> n 次式はいくつありますか？

上の表から n 次式の個数を計算すると，次の表が得られます．

n	1	2	3	4
n 次式の個数	2	4	8	16

これから次のことを推測することはできるでしょう．

> **＜推測＞**
>
> n 次式は 2^n 個あります．

証明は簡単です．剰余法 2 の世界では多項式のすべてを手にとって眺められる気分になれるのが楽しいところです．整数の世界では係数になれる整数が無限にあるので文字を使わなければ表すことができません．

これから多項式のかけ算をやってみましょう．

$$(x+1) \times (x+1) = x^2 + x + x + 1 = x^2 + 1$$

多項式のかけ算も剰余法 2 の世界では 2 は 0 にするという規則を守ります．これは次のようにも書くことができます．

$$(x+1)^2 = x^2 + 1$$

この式で x を x^2 に置き換えても式は正しい．

$$(x^2+1)^2 = (x^2)^2 + 1$$

この式の左辺は，$(x^2+1)^2 = ((x+1)^2)^2 = (x+1)^4$，右辺は，$(x^2)^2 + 1 = x^4 + 1$ なので，これらを合わせるとこうなります．

$$(x+1)^4 = x^4 + 1$$

こんどはこの式で x を x^2 に置き換えて，上と同じことをするとこうなります．

$$(x+1)^8 = x^8 + 1$$

これから次の推測ができます．

> **＜推測＞**
> $$(x+1)^{2^n} = x^{2^n} + 1$$

　この式はあとでもう一度現れます．かけ算の結果の式の次数を眺めると，次数の公式が得られます．これは今までと変わりありません．

> **＜次数の公式＞**
> n 次式と m 次式の積は $n+m$ 次式になります．

12.1　既約な式は素数の仲間

　整数の世界では素数は不思議なものです．小さい素数は簡単に見つけることができます．その方法はすぐ後で説明しますが，大きい，例えば 1000 桁の素数を見つけるにはこの方法は有効ではありません．時間がかかりすぎます．他にも素数に関しては証明ができていない問題が非常にたくさんあります．

　素数の見つけ方として，**エラトステネスの篩（ふるい）法**とよばれる方法があります．それを説明しましょう．最初に整数をすべて並べます．

1	2	3	4	5	6	7	8	9	10
11	12	13	14	15	16	17	18	19	20
21	22	23	24	25	26	27	28	29	30
31	32	33	34	35	36	37	38	39	40
41	42	43	44	45	46	47	48	49	50
51	52	53	54	55	56	57	58	59	60

これから 1 を外します．

	2	3	4	5	6	7	8	9	10
11	12	13	14	15	16	17	18	19	20
21	22	23	24	25	26	27	28	29	30
31	32	33	34	35	36	37	38	39	40
41	42	43	44	45	46	47	48	49	50
51	52	53	54	55	56	57	58	59	60

残った数の最初にあるものが素数になります．よって 2 が素数です．これから $2 \times 1, 2 \times 2, 2 \times 3, 2 \times 4, \cdots$ たち，すなわち 2 の倍数を消します．

	2	3	5	7	9
11		13	15	17	19
21		23	25	27	29
31		33	35	37	39
41		43	45	47	49
51		53	55	57	59

これですでに素数とわかった 2 以外の最初の数 3 が素数であるとわかります．今度は 3 の倍数を消します．

	2	3	5	7	
11		13		17	19
		23	25		29
31			35	37	
41		43		47	49
		53	55		59

この表ですでに素数とわかった 2 と 3 以外の最初の数 5 が素数であることがわかります．次は 5 の倍数を消します．

	2	3	5	7	
11		13		17	19
		23			29
31				37	
41		43		47	49
		53			59

この表ですでに素数とわかった 2 と 3 と 5 以外の最初の数 7 が素数であることがわかります．次は 7 の倍数を消します．この表では 49 だけが消えます．

	2	3		5		7			
11	13				17		19		
	23						29		
31					37				
41	43				47				
	53						59		

これからも今までと同じことを繰り返すと 11 が素数とわかります．この範囲で 11 の倍数を探してもありません．そういうときにはこの表に残った数はすべて素数となります．

因数分解のところで次の類似箱を作りました．

数	式
素因数分解	

あのときに考えていたことを正確に言うとこうでした．

整数の世界	整数の世界の多項式
素因数分解	

今は，剰余法 2 の世界の多項式を考えているので，次の類似箱になります．

整数の世界	剰余法 2 の世界の多項式
素数	**既約な式**

ここで**既約な式**とよんだものはこれ以上は因数分解ができない多項式のことです．それらはエラトステネスの篩法を真似て次のように見つけていくことができます．2 のように最初に並ぶ式は 1 次式です．それは素数に相当しますから次のように定めます．

$x+1$ と x は既約な 1 次式です．

次に 2 次式のなかから，1 次式の積になっているものを取り去ります．それらは，$x \times x = x^2$, $x \times (x+1) = x^2 + x$, $(x+1) \times (x+1) = x^2 + 1$ の 3 つです．これを，2 次式の表と比べましょう．2 次式は，x^2, x^2+1, x^2+x, x^2+x+1 ですから，4 つある 2 次式から 3 つがふるい落とされます．そして残ったのは既約な式です．

$$\boxed{x^2+x+1 \text{ は既約な 2 次式です.}}$$

ここで問題です.

> **＜問題＞**
> 既約な 3 次式をすべて求めてみましょう.

これに答えるには既約ではない 3 次式を数え忘れのないように書き上げなければなりません. そのために整数についての次の定理を思い出します.

> **＜算術の基本定理＞**
> 2 以上の自然数は素数の積として**一意的**に表される.

ここで**一意的**という難しい言葉を使いましたが，これは数学ではよく使われる言葉なので詳しく説明しましょう.

$$\boxed{\begin{array}{l} 6=2\times 3=3\times 2 \text{ は 2 通りに書けているようだが} \\ \text{現れる素数は同じという意味で}\textbf{一意的}\text{に表されている, といいます.} \end{array}}$$

3 つの素数の積にかけている場合も同じです: $12 = 2 \times 2 \times 3 = 2 \times 3 \times 2 = 3 \times 2 \times 2$. 算術の基本定理の証明は難しいことはないのですが，言葉の使い方に慣れていないと難しく感じられます. この本では深入りしないことにしましょう. 証明はなくともこの事実は当然のことと思っているでしょう. これを引用したのはこの定理の類似版が剰余法 2 の多項式の世界でも成り立つことを認めてもらおうというつもりです.

> **＜算術の基本定理の類似＞**
> 剰余法 2 の世界の多項式は既約な式の積として一意的に表される.

これと次数の公式を利用すると，3 次式は次の形の既約な式の積で書けていることがわかります.

$$\boxed{\begin{array}{l} (1) \quad \text{既約な 1 次式の 3 つの積} \\ (2) \quad \text{既約な 1 次式と既約な 2 次式の積} \end{array}}$$

(1) 既約な 1 次式の 3 つの積は次の 4 つがあります.
$$x^3, \quad x^2(x+1), \quad x(x+1)^2, \quad (x+1)^3$$
それを展開します.
$$x^3, \qquad x^2(x+1) = x^3 + x^2$$
$$x(x+1)^2 = x(x^2+1) = x^3 + x, \quad (x+1)^3 = x^3 + x^2 + x + 1$$

(2) 既約な 1 次式と既約な 2 次式の積は次の 2 つがあります.
$$x(x^2 + x + 1) = x^3 + x^2 + x, \qquad (x+1)(x^2 + x + 1) = x^3 + 1$$
これらを次の 3 次式の表と比べます.

3 次式	$x^3,\ x^3+1,\ x^3+x,\ x^3+x+1$
	$x^3+x^2,\ x^3+x^2+1,\ x^3+x^2+x,\ x^3+x^2+x+1$

この表から上に出てきたものを消すのが，エラトステネスの篩法を真似ることになります．残った式を書くと，

$$\boxed{x^3 + x + 1,\ x^3 + x^2 + 1\ \text{が既約な 3 次式です.}}$$

次の問題はもう解けるでしょう．

── <問題> ──────────────
既約な 4 次式をすべて求めてみましょう．
─────────────────────

答えを書いておきましょう．

$$\boxed{x^4 + x^3 + 1,\ x^4 + x + 1,\ x^4 + x^3 + x^2 + x + 1\ \text{は既約な 4 次式です.}}$$

12.2 既約な式の関係

エラトステネスの篩法を真似て既約な式を 1 次式から 4 次式まで求めました．それを表にしてみましょう．

既約な 1 次式	$x, x+1$
既約な 2 次式	x^2+x+1
既約な 3 次式	x^3+x^2+1, x^3+x+1
既約な 4 次式	$x^4+x^3+1, x^4+x+1, x^4+x^3+x^2+x+1$

これを眺めても規則性を見つけるのは難しいでしょう．上の表から既約な n 次式の個数を計算すると，次の表が得られます．

n	1	2	3	4
既約な n 次式の個数	2	1	2	3

これを見ても推測が何も浮かんできません．

― ＜考えるヒント＞ ―

同じ次数の既約な式をすべてかけ合せてみましょう．

$$(x^3+x^2+1)(x^3+x+1) = x^6+x^5+x^4+x^3+x^2+x+1$$

$$(x^4+x^3+1)(x^4+x+1) = x^8+x^7+x^5+x^4+x^3+x+1$$

$$(x^8+x^7+x^5+x^4+x^3+x+1)(x^4+x^3+x^2+x+1)$$
$$= x^{12}+x^9+x^6+x^3+1$$

ここで円分多項式のことを思い出してみましょう．

$$x-1 = \Phi_1(x)$$

$$x^2-1 = \Phi_1(x)\Phi_2(x)$$

$$x^3-1 = \Phi_1(x)\Phi_3(x)$$

$$x^4-1 = \Phi_1(x)\Phi_2(x)\Phi_4(x)$$

これが教えてくれるのは，n の約数すべてにわたる積をとると式が簡単になりますよ，ということです．

これを真似てみましょう．まず同じ次数の既約な式をかけ合せます．

既約な 1 次式の積	$x(x+1)$
既約な 2 次式の積	x^2+x+1
既約な 3 次式の積	$x^6+x^5+x^4+x^3+x^2+x+1$
既約な 4 次式の積	$x^{12}+x^9+x^6+x^3+1$

これらの積をとります．すべての既約な 1 次式の積は $x(x+1) = x^2+x$ です．

すべての既約な 1 次式と 2 次式の積は，$x(x+1)(x^2+x+1) = x(x^3+1) = x^4+x$ です．

すべての既約な 1 次式と 3 次式の積は $x(x+1)(x^6+x^5+x^4+x^3+x^2+x+1) = x(x^7+1) = x^8+x$ です．

すべての既約な 1 次式，2 次式と 4 次式の積は，$x(x+1)(x^2+x+1)(x^{12}+x^9+x^6+x^3+1) = x(x^3+1)(x^{12}+x^9+x^6+x^3+1) = x(x^{15}+1) = x^{16}+x$ です．

計算の途中で，まえに出会ったような気がしませんでしたか? まとめましょう．

―＜まとめ＞―

すべての既約な 1 次式の積は x^2+x です．

すべての既約な 1 次式と 2 次式の積は x^4+x です．

すべての既約な 1 次式と 3 次式の積は x^8+x です．

すべての既約な 1 次式，2 次式と 4 次式の積は $x^{16}+x$ です．

これだと一般の既約な n 次式について，それらのすべての積についての予想が立てられるでしょう．

―＜問題＞―

既約な 5 次式をすべて求めてみましょう．そしてすべての既約な 1 次式と 5 次式の積が予想と一致することを確かめてみましょう．

第 13 章

円分多項式の x に数を代入する

円分多項式 $\Phi_n(x)$ が秘めている性質の一端をみることのできる話をしましょう．$\Phi_n(x)$ は x の多項式ですから，x にいろんな数を代入することができます．

<疑問>
x にどんな数を代入すれば規則性が現れるだろうか？

$x = 0$ としてみましょう．$x = 0$ を代入することは，式の定数の部分（x が関係していないところ）が出てきます．それを表から読んでみましょう．すると，$\Phi_1(0) = -1$ となる以外は，いつも 1 になることが想像できます．簡単に予想まで見つかりましたが，証明はどうしますか？問題にしましょう．

<問題>
$n \geq 2$ ならば $\Phi_n(0) = 1$ となることを証明してみましょう．

次に $x = 1$ にしてみましょう．$\Phi_n(1)$ を計算するには $x = 1$ を代入して，たし算をしてください．$\Phi_n(1)$ の値として現れる数を集めてみましょう．

n	$\Phi_n(x)$	$\Phi_n(1)$
1	$x - 1$	0
2	$x + 1$	2
3	$x^2 + x + 1$	3
4	$x^2 + 1$	2
5	$x^4 + x^3 + x^2 + x + 1$	5
6	$x^2 - x + 1$	1

n	$\Phi_n(x)$	$\Phi_n(1)$
7	$x^6 + x^5 + x^4 + x^3 + x^2 + x + 1$	7
8	$x^4 + 1$	2
9	$x^6 + x^3 + 1$	3
10	$x^4 - x^3 + x^2 - x + 1$	1
12	$x^4 - x^2 + 1$	1
15	$x^8 - x^7 + x^5 - x^4 + x^3 - x + 1$	1
16	$x^8 + 1$	2
18	$x^6 - x^3 + 1$	1
24	$x^8 - x^4 + 1$	1

今度も何か規則性がありそうなデータが出てきました．しかしその規則を，誰か他の人にもわかるように「数学の言葉」で書くことはすぐにできますか？「できた！」という人は数学的な見方が身に付いてきました．すぐにできない人は次の点に注目してください． $n = 1$ の場合は例外とします．

―＜注目する点＞――――

値として現れる数は 1 以外は $2, 3, 5, 7$ です．

$2, 3, 5, 7$ といえば**素数**という言葉が脳に浮かんできます．素数というのが数学的な言葉になります．そこで次の推測をしましょう．

―＜推測＞――――

値として現れる数は 1 以外は素数です．

値の方はこれで見当がつきました．値についての推測ができたら，次の疑問に向かいます．

―＜疑問＞――――

その値をとる n を定められるだろうか？

これを具体的な問題の形にしていきます．もう少し詳しくデータを眺めてみましょう．最初は 2 という値に注目しましょう．

> **＜問題＞**
> $\Phi_n(1) = 2$ となる n に特徴はあるだろうか？

$\Phi_n(1) = 2$ となるのは，表の中では $2, 4, 8, 16$ があります．この次に考えることはすぐに思いつくでしょう．

> **＜考えるヒント＞**
> $2, 4, 8, 16$ に共通する性質は何でしょうか？

これらを素数の積に分解してみましょう．

$$2 = 2^1, \quad 4 = 2^2, \quad 8 = 2^3, \quad 16 = 2^4$$

これらに共通する数学的な言葉は **2 のべき乗**という言葉です．それは 2^e, $e \geqq 1$ と書けています．

> **＜予想 1＞**
> $\Phi_n(1) = 2$ となるのは $n = 2^e$, $e \geqq 1$ のときです．

2 のべき乗であるような数だけを取り出して表を作ります．するとパターンがもっと詳しく見えてきます．

n	$\Phi_n(x)$	$\Phi_n(1)$
2	$x+1$	2
4	x^2+1	2
8	x^4+1	2
16	x^8+1	2

どうですか？次の予想が数学的な言葉で思い浮かびましたか？

> **＜予想 2＞**
> $$\Phi_{2^e}(x) = x^{2^{e-1}} + 1$$

この式は次のように表現することもできます．

―＜予想 3＞―――――――――――――――――――
e が 2 以上ならば，$\Phi_{2^e}(x) = \Phi_{2^{e-1}}(x^2)$

この予想 3 が正しいと仮定しましょう．するとこうなります．

e が 2 以上ならば，$\Phi_{2^e}(1) = \Phi_{2^{e-1}}(1^2) = \Phi_{2^{e-1}}(1)$

$\Phi_2(x) = x+1$ なので，$\Phi_2(1) = 2$ となります．これから次のことが言えます．

e が 1 以上ならば，$\Phi_{2^e}(1)$ はすべて同じ値 2 です．

このように，後に立てた予想 3 が正しいことを仮定すると，前に立てた予想 1 が証明できました．予想が別な予想に吸収されました．会社の吸収合併はよいことばかりではありませんが，数学の世界では古い予想が新しい予想に置き換わることは，よいこととされています．

素数 2 での探索は終りました．次は素数 3 の場合を調べましょう．表も次までは用意されています．

n	$\Phi_n(x)$	$\Phi_n(1)$
3	$x^2 + x + 1$	3
9	$x^6 + x^3 + 1$	3

この場合には，すでに調べた素数 2 の場合の経験を生かしましょう．そうすれば次の予想はすぐに思いつくでしょう．

―＜予想 4＞―――――――――――――――――――
$$\Phi_{3^e}(x) = x^{2 \times 3^{e-1}} + x^{3^{e-1}} + 1$$

この式は次のように表現することもできます．

―＜予想 5＞―――――――――――――――――――
e が 2 以上ならば，$\Phi_{3^e}(x) = \Phi_{3^{e-1}}(x^3)$

特に，この式などは前に得られた式の中で，2 と 3 を入れ替えただけの式です．ならば，2 を一般の素数 p で入れ替えた式も書いてしまいましょう．予想 3 と予想 5 は次の予想に吸収されます．

＜予想 6＞

e が 2 以上ならば，$\Phi_{p^e}(x) = \Phi_{p^{e-1}}(x^p)$

この予想 6 が正しいことが証明できれば次のことがいえるのは今までと同様です．

e が 1 以上ならば，$\Phi_{p^e}(1)$ はすべて同じ値 p です．

残ったのは次の形の数たちです．

素数のべき乗の形で書けていない自然数 n

これを表す短い言葉はありません．このような n について値の予想は次になります．

＜予想 7＞

n が素数のべき乗の形で書けていない自然数とすると $\Phi_n(1) = 1$ になります．

これで予想の形ではありますが，$\Phi_n(1)$ をすべて求めることができました．

＜問題＞

予想 6 と予想 7 を証明してください．

13.1　さらなる規則を求めて

$x = 1$ を代入したときにいくつものパターンを見つけることができました．こういうときには次のことわざがあります

柳の下にどじょうが 2 匹います．

近くにもっとないか探してみましょう．

> **<疑問>**
> 1 以外の数を代入しても何か規則性が見られるのではないだろうか?

$0, 1$ の隣にあるのは 2 か -1 ですから，この 2 つの数を x に代入してみましょう．次の表の計算は手では大変ですが電卓があればできるでしょう．

n	$\Phi_n(-1)$	$\Phi_n(2)$	n	$\Phi_n(-1)$	$\Phi_n(2)$
1	-2	1	11	1	$2047 = 23 \cdot 89$
2	0	3	12	1	13
3	1	7	13	1	8191
4	2	5	14	7	43
5	1	31	15	1	151
6	3	3	16	2	257
7	1	127	17	1	131071
8	2	17	18	3	$57 = 3 \cdot 19$
9	1	73	19	1	524287
10	5	11	20	1	$205 = 5 \cdot 41$

> **<観察>**
> -1 のときは 1 のときと似ているが，2 のときは何も予測できません．

$x = 2$ を代入したときの値はすごく大きい数が出てきました．このような大きい数でも，今なら計算機を使って素数の積の形に素因数分解することはできます．上の表は既にそれをしています．したがって，$8191, 131071, 524287$ などは素数です．しかし，それでもこの数を調べるには別の何かが必要になります．それは後の付録 3 でふれることになります．

13.2 -1 を代入して規則を探す

$x = -1$ を代入したときに得られた表は $x = 1$ を代入したときとどこか似ていました．正確に知るために $x = -1$ を代入した値の表を広げてみます．

n	$\Phi_n(-1)$	n	$\Phi_n(-1)$	n	$\Phi_n(-1)$
1	-2	11	1	21	1
2	0	12	1	22	11
3	1	13	1	23	1
4	2	14	7	24	1
5	1	15	1	25	1
6	3	16	2	26	13
7	1	17	1	27	1
8	2	18	3	28	1
9	1	19	1	29	1
10	5	20	1	30	1

最初の 2 つの値を他と比べると，次のことが想像できます．

$\boxed{\Phi_1(-1) \text{ と } \Phi_2(-1) \text{ は例外的に見えます．}}$

そこでこれからは，n が 3 以上のときの $\Phi_n(-1)$ に限って考えます．そうなると $\Phi_n(1)$ とそっくりな，次の推測が見えます．

―＜推測＞――――――――――――――――

値として現れる数は 1 以外は素数です．

1 以外の値をとる n に注目しましょう．すると，

$\boxed{\Phi_n(-1) \neq 1 \text{ となる } n \text{ は } 4, 6, 8, 10, 14, 16, 18, 22, 26 \text{ があります．}}$

$4, 6, 8, 10, 14, 16, 18, 22, 26$ は素数のべき乗ではありません．さあ，$\Phi_n(1)$ とは様子が違いました．どうしますか？これらの数の特徴を見つけられますか？

―＜考えるヒント＞―――――――――――――

偶数なので 2 で割ってみます．

$4, 6, 8, 10, 14, 16, 18, 22, 26$ は 2 で割ると $2, 3, 4, 5, 7, 8, 9, 11, 13$ です．そして数学の言葉に直すには前に分析したことを真似ることができます．

> $4, 6, 8, 10, 14, 16, 18, 22, 26$ は 2 で割ると素数のべき乗の形になります．

表も関係する部分だけにしましょう．

n	$\dfrac{n}{2}$	$\Phi_n(-1)$	n	$\dfrac{n}{2}$	$\Phi_n(-1)$
4	2	2	16	8	2
6	3	3	18	9	3
8	4	2	22	11	11
10	5	5	26	13	13
14	7	7			

この表は n の部分を忘れると，$\Phi_n(1)$ のときに現れたものとそっくりです．

＜問題＞

すべての $\Phi_n(-1)$ を予想の形で記述してください．そしてできた予想を証明してください．

13.3　さらに奥に進む

＜問題＞

1 と -1 で規則性が見られたがこの 2 つに共通する性質は何でしょうか？

1 と -1 は原点が中心で半径 1 の円周上にあります．1 は $x - 1 = 0$ の解で，-1 は $x + 1 = 0$ の解になります．さらに次のように言い換えましょう．

> 1 は $\Phi_1(x) = 0$ の解で，-1 は $\Phi_2(x) = 0$ の解になります．

ここまでくれば，次に何をすればよいかは思いつくでしょう．

＜データを作る＞

$\Phi_3(x) = 0$ の解を $\Phi_n(x)$ に代入してみましょう．

実際は次のデータの方が計算しやすいのでこちらからやってみましょう.

> **＜データを作る＞**
> $\Phi_4(x) = 0$ の解を $\Phi_n(x)$ に代入してみましょう.

$$\boxed{\Phi_4(x) = 0 \text{ の解は } \sqrt{-1} \text{ と } -\sqrt{-1} \text{ で 2 つあります.}}$$

2次方程式 $x^2 + 1 = 0$ の解は複素数を考えないことには存在しません. 数学では単純な形の定理が好まれます. いくつも例外があるような定理に出会うと, 何かまだ私たちが知らないことが隠れているために, 不完全な形をしているのではないだろうか? と疑う傾向が, 数学者にはあります. 方程式についても次の形が一番単純です.

$$\boxed{\text{方程式には必ず解があります.}}$$

これを正しいことにするには, 複素数 $\sqrt{-1}$ を考えるのが自然なのです. 実数ではない複素数を, 虚数とわざわざ呼ぶ習慣がありますが, 私は好みません. 虚数という言葉は, 実際にはない数を無理やり考えたという印象を与えてしまいます. 記号を簡単にするために,

$$\boxed{i = \sqrt{-1} \text{ とします.}}$$

> **＜複素数の定義＞**
> a, b を実数として, $a + bi$ の形の数を**複素数**といいます.

複素数のたし算とかけ算は次のような約束です.

> **＜複素数のたし算とかけ算＞**
> $$(a + bi) + (c + di) = (a + c) + (b + d)i$$
> $$(a + bi)(c + di) = (ac - bd) + (ad + bc)i$$

$$\boxed{a + bi \text{ は } a + ib \text{ とも同じです.}}$$

複素数はたし算とかけ算ができるので x の多項式で $x = i$ を代入することができます．それを表にしてみましょう．

n	$\Phi_n(i)$	n	$\Phi_n(i)$	n	$\Phi_n(i)$
1	$-1+i$	11	i	21	-1
2	$1+i$	12	3	22	$-i$
3	i	13	1	23	i
4	0	14	$-i$	24	1
5	1	15	1	25	1
6	$-i$	16	2	26	1
7	i	17	1	27	i
8	2	18	i	28	7
9	$-i$	19	i	29	1
10	1	20	5	30	1

複素数を眺めても，慣れない目には規則が見つけられません．そこで複素数には共役な複素数があったことを思い出しましょう．

＜共役な複素数＞

複素数 $\alpha = a + bi$ に対して，$a - bi$ を α に**共役な複素数**といいます．それを $\overline{\alpha}$ と表します．

共役な複素数が次の性質を満たしていることは両辺を計算することで確かめられます．この性質が大切なものだということはすぐ後で使うのでわかります．

＜共役な複素数の性質＞

$$\alpha\overline{\alpha} = (a+bi)(a-bi) = a^2 + b^2 \qquad \overline{\alpha + \beta} = \overline{\alpha} + \overline{\beta}, \qquad \overline{\alpha\beta} = \overline{\alpha}\,\overline{\beta}$$

$\boxed{\overline{i} = -i \text{ に注目しましょう．}}$

そして，a が実数なら $\overline{a} = a$ となります．したがって，円分多項式 $\Phi_n(x)$ の係数が整数であることに注意すれば，これらの性質を使うことで次の式がいえます．

13 円分多項式の x に数を代入する

$$\overline{\Phi_n(i)} = \Phi_n(-i)$$

これから $\Phi_n(i)$ と $\Phi_n(-i)$ は互いに共役な複素数の関係にあるので，その積を考えると整数になります．そこで次の表ができます．

n	$\Phi_n(i)\Phi_n(-i)$	n	$\Phi_n(i)\Phi_n(-i)$	n	$\Phi_n(i)\Phi_n(-i)$
1	2	11	1	21	1
2	2	12	9	22	1
3	1	13	1	23	1
4	0	14	1	24	1
5	1	15	1	25	1
6	1	16	4	26	1
7	1	17	1	27	1
8	4	18	1	28	49
9	1	19	1	29	1
10	1	20	25	30	1

この表のパターンはどうですか？ 見やすくなったでしょう．これで次の問題は解けるでしょう．

― <問題> ―――――――――――――――――――――――――――
$\Phi_n(i)\Phi_n(-i)$ を具体的に表す予想をたてましょう．
―――――――――――――――――――――――――――――――

最初の例に戻って計算しましょう．

― <データを作る> ―――――――――――――――――――――
$\Phi_3(x) = 0$ の解を $\Phi_n(x)$ に代入してみよう．
―――――――――――――――――――――――――――――――

$\Phi_3(x) = 0$ の解は $\dfrac{-1+\sqrt{-3}}{2}$ と $\dfrac{-1-\sqrt{-3}}{2}$ で 2 つあります．記述を簡単にするために次の記号を使いましょう：$\omega = \dfrac{-1+\sqrt{-3}}{2}$ とすると，$\omega^2 = \dfrac{-1-\sqrt{-3}}{2}$ となります．

ここで，$\overline{\omega} = \omega^2$ なので，次の式が成り立ちます．それは $x = i$ を代入したときと同じ理由がこの場合にも正しいからです．

$$\overline{\Phi_n(\omega)} = \Phi_n(\omega^2)$$

これから $\Phi_n(\omega)$ と $\Phi_n(\omega^2)$ は互いに共役な複素数の関係にあるので，その積を考えると整数になります．そこで次の表ができます．

n	$\Phi_n(\omega)\Phi_n(\omega^2)$	n	$\Phi_n(\omega)\Phi_n(\omega^2)$	n	$\Phi_n(\omega)\Phi_n(\omega^2)$
1	3	11	1	21	49
2	1	12	4	22	1
3	0	13	1	23	1
4	1	14	1	24	4
5	1	15	25	25	1
6	4	16	1	26	1
7	1	17	1	27	9
8	1	18	1	28	1
9	9	19	1	29	1
10	1	20	1	30	1

<問題>

$\Phi_n(\omega)\Phi_n(\omega^2)$ を具体的に表す予想をたてましょう．

13.4 さらにさらなる発展

ここまで来ても次のことはすぐには思いつきませんが，少なくとも次のことをやってみようという気になります．

<データを作る>

$\Phi_5(x) = 0$ の解を $\Phi_n(x)$ に代入してみよう．

しかし，これには次の困難があります．$\Phi_5(x) = 0$ の 4 つの解は第 3 章「正五角形を描く」で求めようとしましたが，$\Phi_5(x) = 0$ の 4 つの解そのものは求めません

でした．その理由は，解の形がより複雑になってしまうことでした．これではとても式に代入することなど及びもつきません．そこで，$\Phi_n(i), \Phi_n(\omega)$ の経験を生かしましょう．$\Phi_5(x) = 0$ の 4 つの解を x_1, x_2, x_3, x_4 と書くことにします．このとき $\Phi_n(x_1)\Phi_n(x_2)\Phi_n(x_3)\Phi_n(x_4)$ を計算すると，それから規則性を見つけることはできるのではないだろうか？と想像できます．実際 $\Phi_n(x_1)\Phi_n(x_2)\Phi_n(x_3)\Phi_n(x_4)$ は整数になります．それだけではなくて，この量を表す言葉がすでに存在していました．

> **＜定義＞**
>
> $\Phi_n(x_1)\Phi_n(x_2)\Phi_n(x_3)\Phi_n(x_4)$ を $\Phi_n(x)$ と $\Phi_5(x)$ の**終結式**とよびます．

終結式という言葉を手にすると，$\Phi_5(x)$ のさらに先に $\Phi_6(x), \Phi_7(x), \cdots$ と進むことができます．終結式はふたつの多項式から定まる量です．それを多項式の係数からもとめるアルゴリズムがあります．係数のたし算とかけ算から求められるので，$\Phi_n(x)$ と $\Phi_5(x)$ の終結式は整数になることがわかるのです．また終結式を計算するアルゴリズムはコンピュータに装備されている数式処理システムに入っています．それを利用して，今までの経験をいかせば面白い規則性を発見できるでしょう．そのような計算ができる環境が近くにあれば，ぜひためしてください．

第14章

天秤で重さを量ることが2進法とつながる

遠山啓著『数学入門（上）』の「数の幼年期」の項に2進法が古くは古代インダス河流域に栄えた都市で，すでに使われていたことが書かれています．それは宝石店の跡と思われる場所から $1, 2, 4, 8, 16, 32, 64$ という割合の重さをもったオモリが発見されたことからわかったと言います．そこで問題です．

> **＜問題＞**
> なぜ $1, 2, 4, 8, 16, 32, 64$ という割合の重さの石がオモリに使われたとわかったのでしょうか？

これに答える前に今までにも出会ったことのある式を思い出します．

$$(1-x)(1+x) = 1-x^2$$

前に現れたときは次の形でしたが同じものです．形がすこし変わっても同じものと脳に覚えておきましょう．

$$(x-1)(x+1) = x^2-1$$

ここで x を x^2 に置き換えます．

$$(1-x^2)(1+x^2) = 1-x^4$$

同じことを繰り返します．

$$(1-x^4)(1+x^4) = 1-x^8$$

これから次の一般的な形の式が得られます．

$$(1-x^{2^n})(1+x^{2^n}) = 1-x^{2^{n+1}}$$

これらの式の辺々をすべてかけ合わせて，両辺から同じものを消去すると次の式にたどり着きます．

$$(1-x)(1+x)(1+x^2)(1+x^4)\cdots(1+x^{2^n}) = 1-x^{2^{n+1}}$$

この式に似た式を見たことがあります．どこで見たのか覚えていますか？それは次の形をしていました．

$$\Phi_1(x)\Phi_2(x)\Phi_4(x)\Phi_8(x)\cdots\Phi_{2^{n+1}}(x) = x^{2^{n+1}} - 1$$

$1-x$ を右辺に移します．すると次の式が得られます．

$$\frac{1-x^{2^{n+1}}}{1-x}$$

この式は次のように書けます．

$$\frac{1-x^{2^{n+1}}}{1-x} = 1 + x + x^2 + x^3 + x^4 + \cdots + x^{2^{n+1}-1}$$

したがって，

$$(1+x)(1+x^2)\cdots(1+x^{2^n}) = 1 + x + x^2 + x^3 + x^4 + \cdots + x^{2^{n+1}-1}$$

この式は単純な形をしています．これを解釈してみましょう．式の意味を考えることは時間がかかりますが，それから得られるものは計り知れません．

> 左辺の式を展開すれば右辺の式が得られます．

左辺の式を展開するということは，

> $1+x$ から $1, x$ のどちらかを選び，$1+x^{2^1}$ から $1, x^{2^1}$ のどちらかを選び，$1+x^{2^2}$ から $1, x^{2^2}$ のどちらかを選び，$\cdots$，$1+x^{2^n}$ から $1, x^{2^n}$ のどちらかを選んで，かけて，それらをたし合わせることです．

ここで次の記号を使います：$1, x^{2^i}$ は $x^{b_i 2^i}, b_i = 0, 1$ と表せます．すると，

> $1+x$ から x^{b_0} を選び，$1+x^{2^1}$ から $x^{b_1 2^1}$ を選び，$1+x^{2^2}$ から $x^{b_2 2^2}$ を選び，$\cdots$，$1+x^{2^n}$ から $x^{b_n 2^n}$ を選んでかけ合わせると $x^{b_0 + b_1 2^1 + b_2 2^2 + \cdots + b_n 2^n}$ となります．

展開すれば右辺の式になるということは，

> $x^{b_0 + b_1 2^1 + b_2 2^2 + \cdots + b_n 2^n}$ は $1, x, x^2, x^3, \cdots, x^{2^{n+1}-1}$ のどれかと等しくなります．

したがって，

> $b_0 + b_1 2^1 + b_2 2^2 + \cdots + b_n 2^n$ は $0, 1, 2, 3, \cdots, 2^{n+1} - 1$
> のどれかと等しくなります．

別な選び方をします．

> $1 + x$ から x^{c_0} を選び，$1 + x^{2^1}$ から $x^{c_1 2^1}$ を選び，
> $1 + x^{2^2}$ から $x^{c_2 2^2}$ を選び，$\cdots$，$1 + x^{2^n}$ から $x^{c_n 2^n}$ を選んで
> かけ合わせると $x^{c_0 + c_1 2^1 + c_2 2^2 + \cdots + c_n 2^n}$ となります．

これが別な選び方だというのは，

> $b_0 \neq c_0, b_1 \neq c_1, b_2 \neq c_2, \cdots, b_n \neq c_n$ のうち少なくとも 1 つは正しい．

すると次のことが成り立ってしまいます．

> もしも $b_0 + b_1 2^1 + b_2 2^2 + \cdots + b_n 2^n = c_0 + c_1 2^1 + c_2 2^2 + \cdots + c_n 2^n = k$
> とすると右辺の x^k の係数が 2 以上になります．

これは上の式の形と矛盾しています．したがって，選び方が異なれば，$b_0 + b_1 2^1 + b_2 2^2 + \cdots + b_n 2^n \neq c_0 + c_1 2^1 + c_2 2^2 + \cdots + c_n 2^n$ となります．これで次のことがわかりました．

＜2 進法の定理＞

$0, 1, 2, 3, \cdots, 2^{n+1} - 1$ の数は $b_0 + b_1 2^1 + b_2 2^2 + \cdots + b_n 2^n$ の形でただ一通りに表せます．ここで b_i は 0 または 1 です．

これが **2 進法** とよばれる **自然数の表現法** の形です．私たちが小さいころから周りにあり，小学校で教わるのは **10 進法** とよばれる自然数の表現法ばかりです．ほかにいくらでも自然数の表現法があって，それを自由に使ってもよいのだということに気がつくだけでずいぶんと視野が広がります．

宝石の重さを天秤で量ることにしましょう．そのとき，宝石は左側の皿だけに乗せて，オモリは右側の皿だけに乗せることにします．インドで使われていた重さの単位も知りませんし，宝石のこともよく知らないので，110 グラムの宝石を

量ることがあるかどうかわかりません．話を簡単にするために，そうすることにしましょう．オモリは 1 グラム，2 グラム，4 グラム，8 グラム，16 グラム，32 グラム，64 グラムを用意します．

> **＜問題＞**
>
> これだけのオモリがあれば，1 グラム，2 グラム，3 グラム，…，127 グラムの重さがすべて量れることを示してください．

$127 = 2 \times 64 - 1 = 2^7 - 1$ に気づいてください．k を 1 から 127 の間にある自然数とします．それを 2 進法で表します．

$$k = b_0 + b_1 2^1 + b_2 2^2 + b_3 2^3 + b_4 2^4 + b_5 2^5 + b_6 2^6$$

これから次のことがわかります：$b_i = 1$ である重さのオモリだけを右の皿に乗せると k グラムになります．それと釣り合うように左の皿に宝石を乗せれば，その重さが k グラムになります．

127 個の異なる重さを量るのに，7 個のオモリだけ用意すればよいことをインダス河流域に栄えた都市の住人は知っていたと考えられます．それが彼らは 2 進法を知っていたと推測する根拠になります．

14.1　3 進法へ進む

2 進法と呼ばれる自然数の表現ができることを保障していたのは次の恒等式でした．

$$(1+x)(1+x^2)\cdots(1+x^{2^n}) = 1 + x + x^2 + x^3 + x^4 + \cdots + x^{2^{n+1}-1}$$

この式を求めた方法を真似てみます．出発点を次の式に変えます．

$$(1-x)(1+x+x^2) = 1-x^3$$

ここで x を x^3 に置き換えます．

$$(1-x^3)(1+x^3+x^6) = 1-x^9$$

これから 2 進法のときと同様の議論をすれば，次の一般的な形の式が得られます．

$$(1-x^{3^n})(1+x^{3^n}+x^{2\cdot 3^n}) = 1-x^{3^{n+1}}$$

これらの式の辺々をすべてかけ合わせて，両辺から同じものを消去すると次の式にたどり着きます．

$$(1-x)(1+x+x^2)(1+x^3+x^6)\cdots(1+x^{3^n}+x^{2\cdot 3^n}) = 1-x^{3^{n+1}}$$

これから次の式が得られることも同様です．

$$(1+x+x^2)(1+x^3+x^6)\cdots(1+x^{3^n}+x^{2\cdot 3^n})$$
$$= 1+x+x^2+x^3+x^4+\cdots+x^{3^{n+1}-1}$$

この恒等式から **3 進法** とよばれる次に述べる自然数の表現が得られます．

> **＜3 進法の定理＞**
>
> $0, 1, 2, 3, \cdots, 3^{n+1}-1$ の数は $b_0 + b_1 3^1 + b_2 3^2 + \cdots + b_n 3^n$ の形でただ一通りに表せます．ここで b_i は $0, 1$ または 2 です．

さて，ここで少し変化させてみましょう．
m を $m = 1+3+3^2+\cdots+3^n = (3^{n+1}-1)/2$ とします．するとこうなります．

$$x^m = x^{1+3+3^2+\cdots+3^n} = x^{(3^{n+1}-1)/2}$$

次の式

$$(1+x+x^2)(1+x^3+x^6)\cdots(1+x^{3^n}+x^{2\cdot 3^n})$$
$$= 1+x+x^2+x^3+x^4+\cdots+x^{3^{n+1}-1}$$

の両辺を x^m で割ります．割り方は，左辺では最初の式を x で割り，次の式を x^3 で割るという順で，最後の式を x^{3^n} で割ります．すると次の式が得られます．

$$\left(\frac{1}{x}+1+x\right)\left(\frac{1}{x^3}+1+x^3\right)\cdots\left(\frac{1}{x^{3^n}}+1+x^{3^n}\right)$$
$$= \frac{1}{x^m}+\cdots+\frac{1}{x^2}+\frac{1}{x}+1+x+x^2+\cdots+x^m$$

> **＜問題＞**
>
> 2 進法の場合を真似て，この式から読み取れることを考えましょう．

左辺の式を展開するということは，$\dfrac{1}{x}+1+x$ から $\dfrac{1}{x}, 1, x$ のどれかを選び，

$\dfrac{1}{x^3}+1+x^3$ から $\dfrac{1}{x^3},1,x^3$ のどれかを選び, $\cdots$, $\dfrac{1}{x^{3^n}}+1+x^{3^n}$ から $\dfrac{1}{x^{3^n}},1,x^{3^n}$ のどれかを選んでかけ合わせることです. ここで次の記号を使います.

$$\dfrac{1}{x^{3^i}},1,x^{3^i} \text{ は } x^{c_i 3^i},\ c_i=-1,0,1 \text{ と表せます.}$$

すると, $\dfrac{1}{x}+1+x$ から x^{c_0} を選び, $\dfrac{1}{x^3}+1+x^3$ から $x^{c_1 3^1}$ を選び, $\cdots$, $\dfrac{1}{x^{3^n}}+1+x^{3^n}$ から $x^{c_n 3^n}$ を選んでかけ合わせると $x^{c_0+c_1 3^1+c_2 3^2+\cdots+c_n 3^n}$ となります.

展開すれば右辺の式になるということは, $x^{c_0+c_1 3^1+c_2 3^2+\cdots+c_n 3^n}$ は $\dfrac{1}{x^m},\cdots,\dfrac{1}{x^2},\dfrac{1}{x},1,x,x^2,x^3,\cdots,x^m$ のどれかと等しくなります. したがって, $c_0+c_1 3^1+c_2 3^2+\cdots+c_n 3^n$ は $-m,\cdots,-2,-1,0,1,2,\cdots,m$ のどれかと等しくなります.

―― <3進法の定理の変化形> ――――――――――――――

$-m,\cdots,-2,-1,0,1,2,\cdots,m$ の数は $c_0+c_1 3^1+c_2 3^2+\cdots+c_n 3^n$ の形でただ一通りに表せます. ここで c_i は $-1,0$ または 1 です.

――――――――――――――――――――――――――

この表し方では, $1,3,9$ で表せる自然数は $\dfrac{3^3-1}{2}=13$ までです.

n		n		n	
1	1	6	$-3+9$	11	$-1+3+9$
2	$-1+3$	7	$1-3+9$	12	$3+9$
3	3	8	$-1+9$	13	$1+3+9$
4	$1+3$	9	9		
5	$-1-3+9$	10	$1+9$		

$1,3,9,27,81,243$ の6つの数を使うと, $\dfrac{3^6-1}{2}=364$ までの数が表せます. 2進法のときと比べると, 必要な数が少なくなります. そこで問題です. 天秤でオモリの乗せ方を変えるとどうなるでしょうか?

―― <問題> ――――――――――――――――――――

この自然数の表現はどのような天秤の使い方と関係していますか?

――――――――――――――――――――――――――

第15章

剰余法 m の世界のフィボナッチ数列を探す

　フィボナッチ数列を前に考えたときには，整数の世界しか知らない状態で話を進めました．今では整数の世界以外にもいろいろな数の世界があり，その世界にも面白い数学の対象があることを知っています．まだ知っているのは剰余法 m の世界だけですけどね．そこで疑問です．

> **＜疑問＞**
> 剰余法 m の世界でフィボナッチ数列を考えられないだろうか？

整数の世界のフィボナッチ数列はこうでした．

| 0 | 1 | 1 | 2 | 3 | 5 | 8 | 13 | 21 | 34 | 55 | 89 | 144 | ⋯ |

剰余法 2 の世界のフィボナッチ数列は F_n が偶数なら 0，F_n が奇数なら 1 とすればよいでしょう．したがって，次の数列が作れます．

| 0 | 1 | 1 | 0 | 1 | 1 | 0 | 1 | 1 | 0 | 1 | 1 | 0 | ⋯ |

この 0, 1 は剰余法 2 の世界の 0, 1 としています．

> **＜観察＞**
> 整数のフィボナッチ数列は右にいけばいくほど大きくなるけれど，剰余法 2 の世界のフィボナッチ数列は同じ数が規則的に現れているようです．

　剰余法 2 の世界のフィボナッチ数列は最初の 13 項を眺めただけですが，0, 1, 1 という 3 つの数の組が繰り返し現れているようです．このような数列を**純周期的な数列**と言います．そして 0, 1, 1 を**周期**とよびます．

　このような数学の言葉を用意すると，観察から次の推測が得られました．

> **＜推測＞**
> 剰余法 2 の世界のフィボナッチ数列は純周期的な数列で 0, 1, 1 を周期としています．

唐草模様を陶壁の周りに描くにはどうすればよいかを知っていますか？唐草模様を指輪の形の道具の上に描いて，それを陶壁の上で転がせば同じ模様を繰り返し描くことができます．これが純周期的な数列のイメージです．指輪の形の道具の上の絵が周期になります．数列のなかでは純周期的な数列が簡単な数列の代表のようなものです．剰余法 2 の世界のときを真似ると，剰余法 m の世界のフィボナッチ数列はこうなります．

> 剰余法 m の世界のフィボナッチ数列は F_n を，それの
> 剰余法 m の世界の像 f_n で置き換えればよいでしょう．

F_n を m で割ってその余りが f_n になります．しかし，フィボナッチ数列の項 F_n を m で割ってその余りをいちいち計算するのは大変です．フィボナッチ数列の項そのものの計算もどんどん大きくなっていくので計算が大変ですが，それをさらに m で割ってその余りを計算するのは大変です．剰余法 2 の世界では偶数か奇数かを判断するだけですみましたから簡単にできました．どうしましょうか？

15.1 剰余法 m の世界でも漸化式が使える

フィボナッチ数列を定めるのに漸化式を使いました．この方向から攻めてみましょう．漸化式はこうでした．

$$F_n = F_{n-1} + F_{n-2}$$

この漸化式がうまく働く理由は整数の世界ではたし算，かけ算を使うことができるので，最初の状態を与えさえすれば数列のすべての項を定めることができるのでした．

> 漸化式を動かす力は整数のたし算とかけ算です．

15.1 剰余法 m の世界でも漸化式が使える

フィボナッチ数列の漸化式の場合はたし算しか使っていませんが，もっと一般の形の場合もこめてこのように書きました．剰余法 m の世界でもたし算とかけ算ができることを前に確かめておきました．したがって次のことがわかりました．

> 剰余法 m の世界でも漸化式は有効に働きます．

実際にやってみましょう．**剰余法 m の世界のフィボナッチ数列**を $\{f_n\}_{n=0}^{\infty}$ と表します．整数の世界のものではないという意味で小文字を使いました．f_n は剰余法 m の世界の数です．そこでの漸化式と最初の状態は次で与えられます．コンテクストを思い出しましょう．f_n という同じ記号で，どこでも剰余法 m の世界の数列として考えてください，と言ってます．

> <剰余法 m の世界のフィボナッチ数列を定める漸化式と最初の状態>
> $$f_n = f_{n-1} + f_{n-2}, \qquad f_0 = 0, \quad f_1 = 1$$

剰余法 2 の世界で実行してみましょう．

$$1+0=1, \quad 1+1=0, \quad 0+1=1, \quad 1+0=1, \quad 1+1=0, \cdots$$

という計算が続きます．途中で同じ計算が出てきたことに気がつきましたか？気がつかないで何度も同じ計算をしていたら，「あれ？」という瞬間がいつかきます．

0	1	1	0	1

最初と 2 番目の箱に入っている 0, 1 の組が 4 番目と 5 番目の箱でも同じ 0, 1 の組になりました．フィボナッチ数列の漸化式は，1 つ前と 2 つ前の箱に入っている数から今いる箱の数を定めていたことに注目してください．

> 最初の状態 0, 1 と同じ状態 0, 1 が現れたら，そこから先は同じ計算が繰り返します．

この計算は剰余法 2 の世界の数の計算ですが，それは整数の世界の偶数と奇数たちの間のたし算，かけ算をそっくり写し取った計算です．したがって，$F_n \pmod{2} = f_n$ が正しいことがわかりました．したがって，前の推測は証明されましたので定理になります．

＜定理＞

剰余法 2 の世界のフィボナッチ数列は純周期的な数列で 0, 1, 1 を周期としています．

剰余法 3 の世界で実行してみましょう．

$$1+0=1, \quad 1+1=2, \quad 2+1=0, \quad 0+2=2,$$
$$2+0=2, \quad 2+2=1, \quad 1+2=0, \quad 0+1=1$$

剰余法 3 の世界のフィボナッチ数列でも，同じ状態 0, 1 が再度現れました．

| 0 | 1 | 1 | 2 | 0 | 2 | 2 | 1 | 0 | 1 |

これから剰余法 2 の世界のときと同じ結論が得られました．

＜定理＞

剰余法 3 の世界のフィボナッチ数列は純周期的な数列で 0, 1, 1, 2, 0, 2, 2, 1 を周期としています．

＜疑問＞

剰余法 m の世界のフィボナッチ数列でもいつかは 0, 1 という状態が再度現れるのでしょうか？

もしこれが正しければ，次の問題の答えが得られますね．

＜問題＞

剰余法 m の世界のフィボナッチ数列は純周期的な数列になるでしょうか？

この問題に答えるためにはどうすればよいかわかりますか？ そう，「(1) データを集める」でしたね．

＜問題＞

剰余法 m の世界のフィボナッチ数列の計算をしてみましょう．

15.2 剰余法 m の世界のフィボナッチ数列の表

m	剰余法 m の世界のフィボナッチ数列
2	0, 1, 1, 0, 1
3	0, 1, 1, 2, 0, 2, 2, 1, 0, 1
4	0, 1, 1, 2, 3, 1, 0, 1
5	0, 1, 1, 2, 3, 0, 3, 3, 1, 4, 0, 4, 4, 3, 2, 0, 2, 2, 4, 1, 0, 1
6	0, 1, 1, 2, 3, 5, 2, 1, 3, 4, 1, 5, 0, 5, 5, 4, 3, 1, 4, 5, 3, 2, 5, 1, 0, 1
7	0, 1, 1, 2, 3, 5, 1, 6, 0, 6, 6, 5, 4, 2, 6, 1, 0, 1
8	0, 1, 1, 2, 3, 5, 0, 5, 5, 2, 7, 1, 0, 1
9	0, 1, 1, 2, 3, 5, 8, 4, 3, 7, 1, 8, 0, 8, 8, 7, 6, 4, 1, 5, 6, 2, 8, 1, 0, 1
10	0, 1, 1, 2, 3, 5, 8, 3, 1, 4, 5, 9, 4, 3, 7, 0, 7, 7, 4, 1, 5, 6, 1, 7, 8, 5, 3, 8, 1, 9, 0, 9, 9, 8, 7, 5, 2, 7, 9, 6, 5, 1, 6, 7, 3, 0, 3, 3, 6, 9, 5, 4, 9, 3, 2, 5, 7, 2, 9, 1, 0, 1
11	0, 1, 1, 2, 3, 5, 8, 2, 10, 1, 0, 1
12	0, 1, 1, 2, 3, 5, 8, 1, 9, 10, 7, 5, 0, 5, 5, 10, 3, 1, 4, 5, 9, 2, 11, 1, 0, 1
13	0, 1, 1, 2, 3, 5, 8, 0, 8, 8, 3, 11, 1, 12, 0, 12, 12, 11, 10, 8, 5, 0, 5, 5, 10, 2, 12, 1, 0, 1
14	0, 1, 1, 2, 3, 5, 8, 13, 7, 6, 13, 5, 4, 9, 13, 8, 7, 1, 8, 9, 3, 12, 1, 13, 0, 13, 13, 12, 11, 9, 6, 1, 7, 8, 1, 9, 10, 5, 1, 6, 7, 13, 6, 5, 11, 2, 13, 1, 0, 1
15	0, 1, 1, 2, 3, 5, 8, 13, 6, 4, 10, 14, 9, 8, 2, 10, 12, 7, 4, 11, 0, 11, 11, 7, 3, 10, 13, 8, 6, 14, 5, 4, 9, 13, 7, 5, 12, 2, 14, 1, 0, 1
16	0, 1, 1, 2, 3, 5, 8, 13, 5, 2, 7, 9, 0, 9, 9, 2, 11, 13, 8, 5, 13, 2, 15, 1, 0, 1
17	0, 1, 1, 2, 3, 5, 8, 13, 4, 0, 4, 4, 8, 12, 3, 15, 1, 16, 0, 16, 16, 15, 14, 12, 9, 4, 13, 0, 13, 13, 9, 5, 14, 2, 16, 1, 0, 1
18	0, 1, 1, 2, 3, 5, 8, 13, 3, 16, 1, 17, 0, 17, 17, 16, 15, 13, 10, 5, 15, 2, 17, 1, 0, 1
19	0, 1, 1, 2, 3, 5, 8, 13, 2, 15, 17, 13, 11, 5, 16, 2, 18, 1, 0, 1
21	0, 1, 1, 2, 3, 5, 8, 13, 0, 13, 13, 5, 18, 2, 20, 1, 0, 1
29	0, 1, 1, 2, 3, 5, 8, 13, 21, 5, 26, 2, 28, 1, 0, 1

15.3　剰余法 m の世界のフィボナッチ数列の周期の長さを考える

剰余法 m の世界のフィボナッチ数列をいくつも計算してみましたが 0, 1 が必ず現れてきましたので，いつも純周期的になっていました．これだけ計算すれば次の予想が確信できます．

＜予想＞

剰余法 m の世界のフィボナッチ数列は純周期的な数列になります．

この予想を証明したいのですが，今のままでは雲をつかむようでどこから手をつけてよいかわかりません．周期のなかにある数に規則がないかどうか眺めてもすぐには思いつくことはありません．そういうときは

＜考えるヒント＞

表からパターンを読み取るには焦点を変えて眺めてみます．

＜定義＞

周期に含まれる数の個数を**周期の長さ**といいます．

周期の長さを考えるのは周期の細かい数の情報は考えないで，もっと大きな網で剰余法 m の世界のフィボナッチ数列をとらえようという姿勢です．周期の長さというラベルを貼って考えます．予想が正しければ剰余法 m の世界ごとに周期の長さは m の関数として定まります．そこで，周期は英語では period なので

剰余法 m の世界のフィボナッチ数列の周期の長さを $P(m)$ と表します．

ここで $P(m)$ という記号を使いますが，それは考えを整理するためなのです．しかし他人の作った記号に慣れるのは大変です．例を話しましょう．2 次方程式 $ax^2 + bx + c = 0$ から定まる $b^2 - 4ac$ という量は方程式の解の性質と深い関係があります．ですから 2 次方程式 $ax^2 + bx + c = 0$ の判別式 D を $D = b^2 - 4ac$ と定義します．ところが，これが高校生が数学がわからなくなる大きな障害になっているといいます．だから D という新しい記号を教えないようにするということ

がありました．この記号を最初から押し付けるのは問題があるかもしれません．しかし何回も $b^2 - 4ac$ を計算した後では，脳の中を整理して考えるにはそれに D という記号を使うことがとても便利なのです．

m	$P(m)$	m	$P(m)$	m	$P(m)$	m	$P(m)$
2	3	12	24	22	30	32	48
3	8	13	28	23	48	33	40
4	6	14	48	24	24	34	36
5	20	15	40	25	100	35	80
6	24	16	24	26	84	36	24
7	16	17	36	27	72	37	76
8	12	18	24	28	48	38	18
9	24	19	18	29	14	39	56
10	60	20	60	30	120	40	60
11	10	21	16	31	30	41	40

周期の長さを表にしただけではパターンを見つけられません．そういうときには必要な情報だけを取り出してきます．

＜問題＞

どのような種類の m を集めた表が考えられますか？

今までの経験から次のようなことが思いつくでしょう．

(1) m が素数
(2) m が同じ素数のべき乗の形をしている数

m	$P(m)$	m	$P(m)$	m	$P(m)$
2	3	13	28	31	30
3	8	17	36	37	76
5	20	19	18	41	40
7	16	23	48		
11	10	29	14		

m	$P(m)$	m	$P(m)$	m	$P(m)$
2	3	3	8	5	20
4	6	9	24	25	100
8	12	27	72		
16	24				
32	48				

この表だといくつかパターンを見つけることができるでしょう.

15.4 剰余法 p の世界で周期の長さの性質を探す

最初に剰余法 p の世界を考えてみましょう. コンテクストは素数 p ですよ, と確認しています. 慣れましたか. 剰余法 p の世界での周期の長さを眺めると 5 だけが特殊です.

> $P(5)$ は 5 で割り切れています.

他の素数では,

> **＜観察＞**
> 素数 $p \neq 5$ ならば $P(p)$ は p で割り切れていません.

さらに周期の長さが p と比べて長いものと短いものがあることに気がつきます. それで分けてみましょう.

> **＜仮の定義＞**
> (1) 周期が短い素数 p とは $P(p) < p$ が正しい場合をいいます.
> (2) 周期が長い素数 p とは $P(p) > p$ が正しい場合をいいます.

仮の定義としたのは, これからの議論の後で修正の必要が出てくることを想定しています.

15.4 剰余法 p の世界で周期の長さの性質を探す

周期が長い p	$P(p)$	周期が短い p	$P(p)$
2	3	11	10
3	8	19	18
7	16	29	14
13	28	31	30
17	36	41	40
23	48		
37	76		

周期が長い，短いというのは様子が違うからという理由で分けました．しかし，このような表をつくるとさらにパターンがくっきりと見えてきたと思いませんか？周期の長さで分けて，表にするとそこに現れる素数の違いがわかります．数学の言葉による表現ができています．

<観察>

(1) 周期が短い素数 p では p の 1 の位の数が 1 か 9 です．
(2) 周期が長い素数 p では p の 1 の位の数が 2 以外では 3 か 7 です．

ある数の 1 の位の数とは，その数を 10 で割った余りの数です．しかし素数であることを使うと次のことが言えます．

2, 5 以外のすべての素数を 10 で割ると余りは 1, 3, 7, 9 のどれかです．

5 以外のすべての素数を 5 で割ると余りは 1, 2, 3, 4 のどれかです．

これらを同時に考えると，前にした観察は次のように書き換えることができます．

<観察>

(1) 周期が短い素数 p では p を 5 で割ると余りは 1 か 4 です．
(2) 周期が長い素数 p では p を 5 で割ると余りは 2 か 3 です．

このように書くと「2 以外の」という言葉がなくなるのでうれしくなります．例外的という言葉を許してしまうと，ものを正しくとらえる機会を失うかもしれません．

> 例外的なことが現れたら，それを例外にしないような新しい枠がありはしないかと考えてみましょう．

ここでは素数を次の3つの組に分けました．

> (1) 素数 5
> (2) 5 で割ると余りが 1 か 4 となる素数
> (3) 5 で割ると余りが 2 か 3 となる素数

> 5 が素数を分けるかぎの役割を果たしています．

観察から次の目標にたどりつきました．

＜目標＞
5 で割ると余りが 1 か 4 となる素数 p について，剰余法 p の世界のフィボナッチ数列の周期が短いことを説明してくれるような性質を探したい．

焦点をしぼりましょう．周期の短い場合の素数ばかりを集めた表に注目します．

p	$P(p)$	p	$P(p)$
11	10	31	30
19	18	41	40
29	14		

さっきは素数 p に注目しました．ここでは周期の長さ $P(p)$ を詳しく見ましょう．すると

＜観察＞
p が 29 以外では $P(p) = p - 1$ となっています．そして 29 のときにも $P(29) = 14 = (29-1)/2$ です．

したがって，次のことを思いつきます．

> **＜観察＞**
> 周期が短い素数 p での周期の長さは $p-1$ と関係があります．

周期が長い素数の表に目を移しましょう．周期が短い素数では周期の長さ $P(p)$ が p の関数として簡単な形である $p-1$ と関係していました．

> **＜考えるヒント＞**
> 周期が長い素数 p での周期の長さも p の簡単な関数と関係するでしょうか？

簡単な形をしているのだと思ってもう一方の表を眺めてください．何に気がつきますか？

p	$P(p)$	p	$P(p)$
2	3	17	36
3	8	23	48
7	16	37	76
13	28		

> **＜観察＞**
> p が 2 以外では $P(p) = 2(p+1)$ となっています．そして 2 のときにも $P(2) = 3 = 2(2+1)/2$ です．

> **＜観察＞**
> 周期が長い素数 p での周期の長さは $2(p+1)$ と関係があります．

周期の長さに注目することで，数学的な表現を手に入れました．

15.5　データをさらに集める

今までのデータからは，あるパターンを見つけることができました．今度はデータを更に集めて，見つけたパターンが本当かどうかを確かめてみましょう．周期

の長さに注目して見つけることができたパターンなので，今度は周期の長さだけの表を作ります．そして剰余法 p の世界に限ればよいでしょう．

p	$P(p)$	p	$P(p)$	p	$P(p)$
43	88	71	70	101	50
47	32	73	148	103	208
53	108	79	78	107	72
59	58	83	168	109	108
61	60	89	44	113	76
67	136	97	196	127	256

予想と違ったことが起きています．

予想では $p = 47, 107, 113$ は周期が長いはずが $P(p) < p$ となっています．

詳しく見ましょう．

$p = 47$ は $P(47) = 32 = 2(47+1)/3$ となっています．
$p = 107$ は $P(107) = 72 = 2(107+1)/3$ となっています．
$p = 113$ は $P(47) = 76 = 2(113+1)/3$ となっています．

仮の定義の修正が必要になりました．

―＜仮の定義の修正＞――――

周期が短い素数 p とは $P(p)$ が $p-1$ を割っている場合とします．
周期が長い素数 p とは $P(p)$ が $2(p+1)$ を割っている場合とします．

この修正ではまだ完全ではありません．5 以外のすべての素数 p でその周期 $P(p)$ が $p-1$ または $2(p+1)$ を割っていることが証明できていないからです．今の知識では定義が完全ではない，ことを確認しておくに留めておきましょう．知識は螺旋状に獲得されていくものです．

第 16 章
2次式 $x^2 - x - 1$ の x に整数を代入する

　前の章では，剰余法 p の世界にいるフィボナッチ数列を調べて，ある予想を手にしました．この章では，その予想を説明するのに必要な数学の言葉を探しにいきましょう．

　フィボナッチ数列の漸化式に現れ，形式的べき級数の計算でも活躍したのは 2 次式 $x^2 - x - 1$ でした．この 2 次式が剰余法 p の世界にいるフィボナッチ数列の性質を説明する上で重要な役割を担っているのではないだろうか，と想像するのは当然だと思います．そこで 2 次式 $x^2 - x - 1$ の x に整数 n を代入して得られる数を調べてみましょう．それらは整数なので，その素因数分解を調べましょう．

　$(n+1)^2 - (n+1) - 1 = n^2 + n - 1 = (-n)^2 - (-n) - 1$ より，正の整数 $n+1$ を代入しても，$-n$ を代入しても同じ値が得られるので，正の整数だけで表を作れば十分です．$n = 0, 1$ のときはその値は -1 なのでそれも省きましょう．

n	$n^2 - n - 1$	n	$n^2 - n - 1$	n	$n^2 - n - 1$
2	1	7	41	12	131
3	5	8	$5 \cdot 11$	13	$5 \cdot 31$
4	11	9	71	14	181
5	19	10	89	15	$11 \cdot 19$
6	29	11	109	16	239

　ここに現れる整数はすでに**素因数分解**がしてあります．整数の表があれば，それらを素因数分解で表した方がその特徴をとらえやすくなるのは経験ずみですね．この表の特徴は，今までに考えたことと重ねると「一目瞭然」です．

<観察>

$n^2 - n - 1$ を割る素数 p は 5 か，または p を 5 で割ると余りは 1 か 4 です．

まだ考えなくてはならないことがあります．上の表を見ただけでは次の問題が正しいかどうかわかりません．難しい言い方をすれば，逆もまた正しいのだろうか？と問わねばなりません．

数学の主張は「**A** ならば **B** である」の形をしています．

この主張の，逆の主張は「**B** ならば **A** である」の形となります．

ある主張が正しいときでも，その逆の主張は正しいかどうかはわかりません．証明できて始めて正しいことがわかります．

ここで，観察で主張していることの逆の主張が正しいかどうかを問いましょう．それはこうなります．

<問題>

5 で割ると余りが 1 か 4 となる素数 p は，ある整数 n で $n^2 - n - 1$ を割り切っているだろうか？

5 で割ると余りが 1 か 4 となる素数 p は n を大きくすると，いつか $n^2 - n - 1$ の約数になっているだろうか？と問うものです．少し実験のデータを増やしましょう．そのために 5 で割ると余りが 1 か 4 となる素数 p の表を作ります．

$$11, 19, 29, 31, 41, 59, 61, 71, 79, 89, 101, 109, 131, 139, 149, 151 \cdots$$

これを前の表と見比べると，抜けているものがあります．59, 61, 79 などです．$n > 16$ と n の値を増やして探してみましょう．

n	n^2-n-1	n	n^2-n-1	n	n^2-n-1
17	271	21	419	25	599
18	$5 \cdot 61$	22	461	26	$11 \cdot 59$
19	$11 \cdot 31$	23	$5 \cdot 101$	27	701
20	379	24	$19 \cdot 29$	28	$5 \cdot 151$

n を 28 まで広げた表をつくると，59 と 61 が現れました．これで上の問題も正しいのではないかと少し確信が増えました．そこで次の予想をたてます．

> <予想>
>
> 次の 2 つの集合は一致しています．
> (1) 5 で割ると余りが 1 か 4 となるすべての素数 p たちと 5 の集合．
> (2) $n^2 - n - 1$ を割るすべての素数 p たちの集合．

この予想は，お互いが関係のないもの同志を結びつける驚くような主張です．どうして思いつくことができたのかを，今ここでは説明はできません．これについても面白い話がありますが長くなってしまいます．そこで，この予想が正しいとして話を続けます．前に立てた目標を思い出します．

> <目標>
>
> 5 で割ると余りが 1 か 4 となる素数 p について，剰余法 p の世界のフィボナッチ数列の周期の長さ $P(p)$ が $p-1$ を割ることを説明してくれるような性質を探したい．

上の予想が正しければ，これと結びつけて考えることができます．すると目標は次の形に変化します．

> <変化した目標>
>
> 5 でない素数 p が $n^2 - n - 1$ を割っていることは剰余法 p の世界のフィボナッチ数列の周期の長さ $P(p)$ が $p-1$ を割ることを説明してくれるでしょう．

16.1 剰余法 p の世界で方程式を考える

変化した目標を新しい目標として考えていきます．素数 p が $n^2 - n - 1$ を割っていることの意味を考えてみましょう．$p=5$ から考えていきます．次の問題は思いつくでしょう．

16 2次式 $x^2 - x - 1$ の x に整数を代入する

<問題>

$n^2 - n - 1$ が 5 で割り切れている n の特徴は何ですか?

前に利用した表から関係するところを取り出しましょう.

n	n^2-n-1	n	n^2-n-1	n	n^2-n-1
3	5	8	$5 \cdot 11$	13	$5 \cdot 31$
18	$5 \cdot 61$	23	$5 \cdot 101$	28	$5 \cdot 151$

これから何が思い浮かぶでしょう?

<推測>

$n^2 - n - 1$ が 5 で割り切れている n の特徴は 5 で割ると余りが 3 になります.

こうなれば,剰余法 5 の世界で眺めると正しい姿がとらえられるように考えが進むでしょう. 剰余法 2 の世界の多項式の計算を前に練習しました. 剰余法 5 の世界の多項式の計算をどうすればよいか想像を働かせてください. 剰余法 5 の世界の多項式の計算は次のようになります. コンテクストは剰余法 5 の世界です. $x^2 - x - 1 = x^2 + 4x + 4 = (x+2)^2 = (x-3)^2$ なので,多項式では $x^2 - x - 1 = (x-3)^2$ となっています.

次に $p = 11$ を考えてみましょう. 表の作り方は同じです.

n	n^2-n-1	n	n^2-n-1	n	n^2-n-1
4	11	8	$5 \cdot 11$	15	$11 \cdot 19$
19	$11 \cdot 31$	26	$11 \cdot 59$		

これを眺めて何がわかりますか? 5 のときの経験から次のことがすぐに推測できるでしょう.

<推測>

$n^2 - n - 1$ が 11 で割り切れている n の特徴は 11 で割ると余りが 4 か 8 になります.

剰余法 11 の世界の多項式の計算は次のようになります．コンテクストは剰余法 11 の世界です．$x^2 - x - 1 = x^2 + 10x + 10 = (x+3)(x+7) = (x-8)(x-4)$ なので，多項式では $x^2 - x - 1 = (x-4)(x-8)$ となっています．

次に $p = 19$ を考えてみましょう．表の作り方は同じです．

n	$n^2 - n - 1$	n	$n^2 - n - 1$	n	$n^2 - n - 1$
5	19	15	$11 \cdot 19$	24	$19 \cdot 29$

これから次のことはすぐに推測できるでしょう．

<推測>

$n^2 - n - 1$ が 19 で割り切れている n の特徴は 19 で割ると余りが 5 か 15 になります．

コンテクストは剰余法 19 の世界です．$x^2 - x - 1 = x^2 + 18x + 18 = (x+4)(x+14) = (x-15)(x-5)$ なので，多項式では $x^2 - x - 1 = (x-5)(x-15)$ となっています．

剰余法 p の世界の多項式について性質を見つけることができました．これから剰余法 p の世界の方程式を考えたいと思います．すでに知っていることと比べて考えましょう．私たちが知っていることは次のことでした．

> 2 次方程式は 2 つの解を持っています．
> 2 次方程式の解と係数は関係があります．

剰余法 p の世界でも 2 次方程式を考えれば，これまでの計算がうまく説明できるように思えます．新しい世界に移して眺めると，それまでのごたごたした言い方がすっきりすることがあります．それが発見の楽しさです．そこで類似箱を作ります．

整数の世界	剰余法 p の世界
2 次方程式	
解と係数の関係	

剰余法 p の世界の 2 次方程式は剰余法 p の世界の多項式を考えたことがあるのですぐわかります．コンテクストは剰余法 p の世界とします．剰余法 p の世界で

次数が 2 の多項式 ax^2+bx+c から方程式 $ax^2+bx+c=0$ を考えましょう．n^2-n-1 が p で割り切れていることを剰余法 p の世界で解釈すると n は 2 次方程式 $x^2-x-1=0$ の解となります．剰余法 p の世界では $n^2-n-1=0$ なので $(p+1-n)^2-(p+1-n)-1=(n-1)^2+n-2=n^2-n-1=0$ となります．これから $p+1-n$ も 2 次方程式 $x^2-x-1=0$ の解となります．

したがって，2 次方程式 $x^2-x-1=0$ には 2 つの解 n と $p+1-n$ があります．$n+(p+1-n)=1, n(p+1-n)=n-n^2=-1$ なので解と係数の関係も正しい．これから 2 次多項式の因数分解が得られます．

$$x^2-x-1=(x-n)(x-(p+1-n))$$

これは前に使った言葉でいうと，x^2-x-1 は剰余法 p の世界の多項式として既約な式ではありません，となります．

今度は次の問題を考えましょう．

> **＜問題＞**
> 2 次方程式 $x^2-x-1=0$ が**重解**をもつ剰余法 p の世界はどこですか？

2 次方程式の 2 つの解が等しいときに，重解をもっているといいます．2 次方程式の 2 つの解が互いに異なっているときと，重解をもっているときでは周りに違った影響を及ぼすことは経験があるでしょう．解が等しくなるのは $p+1-n=n$ が条件で，そのとき $n^2-n-1=0$ も満たしています．

これから $2n-1=0$ と $(2n-1)^2=4n^2-4n+1=4(n^2-n-1)+5=5=0$ が得られます．

これから $x^2-x-1=0$ が重解をもつのは剰余法 5 の世界だけなことがわかりました．

剰余法 5 の世界のフィボナッチ数列の振る舞いはどこかほかのものと異なっているところがありました．剰余法 5 の世界のフィボナッチ数列の周期の長さ $P(5)$ は 5 で割り切れていたところです．この事実と上の方程式の性質は必ずつながりがあります．これについては，少し先でふれます．

さて，ここで残りの素数の場合に方程式とのつながりを問題にしてみましょう．残っている素数というのは次の者たちです．

> どんな整数 n に対しても n^2-n-1 は素数 p で割り切れない．

これは剰余法 p の世界で解釈すると次のことを言っています．

> 方程式 $x^2 - x - 1 = 0$ は剰余法 p の世界では解がありません．

別な言い方をすればこうなります．

> $x^2 - x - 1$ は剰余法 p の世界の多項式として既約な式となります．

これで剰余法 p の世界を方程式 $x^2 - x - 1 = 0$ の解の様子で次の 3 種類に分けることができました．

> (1) 剰余法 5 の世界で方程式 $x^2 - x - 1 = 0$ は重解をもちます．
> (2) 剰余法 p の世界で方程式 $x^2 - x - 1 = 0$ は互いに異なる解をもちます．
> (3) 剰余法 p の世界で方程式 $x^2 - x - 1 = 0$ は解がありません．

すべての素数は上のどれかに分類されています．これらはそれぞれ次の 3 種類の素数の分け方と対応しています．

> (1) 素数 5
> (2) $n^2 - n - 1$ を割り切る素数 p で 5 ではないもの
> (3) どんな整数 n に対しても $n^2 - n - 1$ を割り切らない素数 p たち

この事実を変化した目標に加えます．するとさらに変化させられます．

― ＜さらに変化した目標＞ ―――――――――――――――

剰余法 p の世界で方程式 $x^2 - x - 1 = 0$ が互いに異なる解をもつとき，剰余法 p の世界のフィボナッチ数列の周期 $P(p)$ は $p - 1$ を割り切るだろう．

16.2 剰余法 p の世界で形式的べき級数を考える

上に掲げた目標を攻めるために新しい道具を説明しましょう．フィボナッチ数列 $\{F_n\}_{n=0}^{\infty}$ は形式的べき級数という道具を使うことで，具体的に表せることを前に見ました．それがビネの公式でした．

> **＜ビネの公式＞**
>
> $x^2 - x - 1 = 0$ の解を $\alpha = \dfrac{1+\sqrt{5}}{2}, \beta = \dfrac{1-\sqrt{5}}{2}$ とすると $F_n = \dfrac{\alpha^n - \beta^n}{\alpha - \beta}$ となります.

ビネの公式に現れる α, β は整数の世界にはいないものたちでした. もしも私たちが $\sqrt{5}$ という数を知らなければ F_n を具体的な形で表すことはできません. ギリシャの数学者が正方形の辺と対角線の長さの比が有理数ではないことを発見して驚いたという記述があります. それ以前は有理数ではない数 (それを無理数とよびます) は知られてはいなかったわけです. $\sqrt{5}$ は無理数ですから, その存在が知られてはいない時代があったことになります.

剰余法 p の世界のフィボナッチ数列でも似たような状況に出会います. 素数 p が次のものとします: p は $n^2 - n - 1$ を割り切っていて, 5 ではないとします. 言い換えると, こうなります.

剰余法 p の世界で方程式 $x^2 - x - 1 = 0$ は互いに異なる解をもっています.

したがって, $x^2 - x - 1 = 0$ の剰余法 p の世界の解を $a, b, a \neq b$ とします. 実際は $a = n, b = p + 1 - n$ ですが, 表現を簡単にするためにこうします.

これで整数の世界でフィボナッチ数列を考えたときと同じ地点に立てました. 剰余法 p の世界のフィボナッチ数列を $\{f_n\}_{n=0}^\infty$ とします. f_n は剰余法 p の世界の数です. そこで形式的べき級数 $f(x)$ をつくります.

$$f(x) = \sum_{n=0}^\infty f_n x^n$$

これは係数が剰余法 p の世界の数たちですから, 当然, 極限を考えるようなこととは無縁です. しかし, f_n はフィボナッチ数列 F_n とまったく同じ漸化式を満たしているので, あのときと同じ計算で次の式が得られます.

$$f(x) - xf(x) - x^2 f(x) = x$$

これから先の考え方も同じことなのですが, このような計算をしてもよいのか, と不安に思う人もいるでしょう. 新しい数学の世界に出会ったときは, 今までに慣れている計算や推論の進め方を今までと同じようにしてよいのかをよく考えな

くてはいけません．数学を長くやっていれば，その区別は何度も通った踏み固められた道なのですぐわかります．でも最初は慎重に沼地のなかを歩くように足が固い土にのっているのを確かめて進むようにしましょう．

剰余法 p の世界の有理式を考えると次のことがいえます．

$$\frac{x}{1-x-x^2} = \frac{1}{a-b}\left(\frac{1}{1-ax} - \frac{1}{1-bx}\right)$$

したがって

$$f(x) = \frac{1}{a-b}\left(\frac{1}{1-ax} - \frac{1}{1-bx}\right),$$

$$f(x) = \frac{1}{a-b}((1+ax+a^2x^2+\cdots) - (1+bx+b^2x^2+\cdots))$$

整理すると

$$f(x) = \frac{1}{a-b}((a-b)x + (a^2-b^2)x^2 + (a^3-b^3)x^3 + \cdots)$$

この式の両辺の x^n の係数を比べれば，それらは等しいはずです．したがって，

―― ＜剰余法 p の世界のビネの公式＞ ――――――――――――

　剰余法 p の世界の方程式 $x^2-x-1=0$ の解を a, b, $a \neq b$ とすると $f_n = \dfrac{a^n - b^n}{a-b}$ となります．

ここまでで剰余法 p の世界のビネの公式が手にはいりました．この公式を手にして，目標を再度取り上げましょう．

―― ＜さらに変化した目標＞ ――――――――――――

　剰余法 p の世界で方程式 $x^2-x-1=0$ が互いに異なる解をもつとき，剰余法 p の世界のフィボナッチ数列の周期 $P(p)$ は $p-1$ を割るだろう．

ここからは剰余法 p の世界で調べた性質が役にたちます．そうフェルマーの小定理です．

$$a^{p-1} = 1,\ a^p = a, \qquad b^{p-1} = 1,\ b^p = b$$

これを今手にした公式に代入します．すると，

$$f_{p-1} = \frac{a^{p-1} - b^{p-1}}{a - b} = \frac{1 - 1}{a - b} = 0, \qquad f_p = \frac{a^p - b^p}{a - b} = \frac{a - b}{a - b} = 1$$

これで剰余法 p の世界のフィボナッチ数列が少なくとも $p-1$ の長さの部分が周期的に繰り返すことはわかりました．その理由もフェルマーの小定理にあったことがわかりました．これから剰余法 p の世界で位数の性質を調べたときと類似の議論をすると，次の定理が得られます．

> **＜定理＞**
>
> 剰余法 p の世界で方程式 $x^2 - x - 1 = 0$ が互いに異なる解をもつとき周期の長さ $P(p)$ は $p - 1$ の約数になります．

16.3　剰余法 5 の世界のフィボナッチ数列のビネの公式

剰余法 5 の世界では，方程式 $x^2 - x - 1 = 0$ は重解を持っていました．その場合の様子も形式的べき級数を利用して調べておきます．剰余法 5 の世界では次の式から始まります：$1 - x - x^2 = (1 - 3x)^2$．したがって，フィボナッチ数列からつくられる形式的べき級数はこうなります．

$$f(x) = \frac{x}{(1 - 3x)^2}$$

ここで次の結果を思い出します．

$$\frac{1}{(1-x)^2} = G_2(x) = \sum_{n=0}^{\infty} (n+1)x^n$$

これは剰余法 p の世界でも正しい．そこで x を $3x$ に置き換えて，さらに x を両辺にかけます．

$$\frac{x}{(1 - 3x)^2} = \sum_{n=0}^{\infty} (n+1) 3^n x^{n+1}$$

この式と

$$f(x) = \frac{x}{(1 - 3x)^2}$$

を比べます．すると次の公式が得られました．

<剰余法 5 の世界のビネの公式>

剰余法 5 の世界のフィボナッチ数列 $\{f_n\}$ は $f_0 = 0, n \geqq 1$ ならば $f_n = n \cdot 3^{n-1}$ となります.

これから数列をつくりましょう.

| 0 | 1 | $2 \cdot 3$ | $3 \cdot 3^2$ | $4 \cdot 3^3$ | 0 | 3 | $2 \cdot 3^2$ | $3 \cdot 3^3$ | 4 | 0 | $1 \cdot 3^2$ | ⋯ |

剰余法 5 の世界では,n は $0, 1, 2, 3, 4$ が繰り返し,3^n はフェルマーの小定理から $3, 3^2, 3^3, 1$ が繰り返すことになります.剰余法 5 の世界では f_n の公式はこれまでのビネの公式とは異なった形をしていました.この形から周期の長さは n の周期の長さ 5 と 3^n の周期の長さ 4 の積で 20 になります.

16.4 剰余法 p の世界で方程式の解がない場合

残っている素数の場合の話をしましょう.その素数 p は次のものたちです.

p はどんな整数 n にたいしても $n^2 - n - 1$ を割り切っていないとします.

言い換えると,剰余法 p の世界で方程式 $x^2 - x - 1 = 0$ は解を持っていません.

<問題>

この状況では何をすればよいですか?

実数の世界を思い出します.方程式 $x^2 + 1 = 0$ は実数の解を持っていません.そのときは,方程式 $x^2 + 1 = 0$ が解を持つように複素数を考えました.

これを真似ると,言葉だけはこうなります.

剰余法 p の世界を広げて,方程式 $x^2 - x - 1 = 0$ が解を持つようにします.

<問題>

剰余法 p の世界を広げるにはどうすればよいのですか?

この問題を $p=2,3$ の場合に付録 2 でやっています．一般の場合でこれを正確にやるには言葉が不足しています．他の本で勉強を進めて，自分で挑戦することを期待しています．

16.5 剰余法 p^e の世界のフィボナッチ数列たちの満たす性質を探す

剰余法 p の世界のフィボナッチ数列を調べることで新しい数学の対象と出会うことができました．この次にすることは何でしょうか? 考える剰余法 m について m を次の種類の数にしてみましょう．

> (1) m を素数のべき乗にする．
> (2) m を合成数にする．

剰余法 p^e の世界のフィボナッチ数列では何が現れるでしょうか? もう一度データを眺めましょう．

m	$P(m)$	m	$P(m)$	m	$P(m)$
2	3	3	8	5	20
4	6	9	24	25	100
8	12	27	72		
16	24				
32	48				

<問題>

$P(2), P(4), P(8), P(16), P(32)$ の関係を見つけてください．

解はこのようになります．

$$P(4)=2P(2),\ P(8)=2P(4),\ P(16)=2P(8),\ P(32)=2P(16)$$

<問題>

$P(3), P(9), P(27)$ の関係，$P(5), P(25)$ の関係を見つけてください．

解はこのようになります．

$$P(9) = 3P(3), \ P(27) = 3P(9), \ P(25) = 5P(5)$$

> **<問題>**
> これらから一般的な推測を立ててください．

これを証明して，成り立つ理由を説明するにはどんな言葉を手に入れなければならないのでしょうか？ それには 2 進法，3 進法の考え方をさらに飛躍させて，新しい数である **2 進数**，**3 進数**を用意しなければなりません．それを話すにはページが足りません．

16.6　残ったものにも規則がある

今度は m を素数のべき乗ではない，合成数にしてみましょう．

> **<問題>**
> どのようなデータを取り出せばパターンを見つけられますか？

このような表を作ればよいでしょう．

m	$P(m)$	m	$P(m)$	m	$P(m)$	m	$P(m)$	m	$P(m)$
2	3	2	3	2	3	2	3	2	3
3	8	5	20	7	17	9	24	11	10
6	24	10	60	14	48	18	24	22	30

m	$P(m)$	m	$P(m)$	m	$P(m)$	m	$P(m)$
2	3	2	3	2	3	2	3
13	28	15	40	17	36	19	18
26	84	30	120	34	36	38	18

これらは次のデータを比べました．

16 2次式 $x^2 - x - 1$ の x に整数を代入する

$P(2)$ と奇数 m で $P(m)$, $P(2m)$ を並べて眺めましょう.

ここで問題です.

<問題>

$P(2)$ と奇数 m で $P(m)$, $P(2m)$ の間にどんな関係がありますか?

次にやるのは

$P(3)$ と, 3 と素な整数 m で $P(m)$, $P(3m)$ を並べて眺めましょう.

m	$P(m)$	m	$P(m)$	m	$P(m)$	m	$P(m)$
3	8	3	8	3	8	3	8
4	6	5	20	7	17	8	12
12	24	15	40	21	136	24	24

<問題>

$P(3)$ と, 3 と素な整数 m で $P(m)$, $P(3m)$ の間にどんな関係がありますか?

これだけ準備すれば, 次の一般的な形の問題の解の予想が得られるでしょう.

<問題>

$m, n \geqq 2$ を互いに素な自然数とします. $P(m), P(n), P(mn)$ の間にどんな関係がありますか?

得られた予想を証明するにはどんな言葉が必要になるでしょうか? これには, 代数学では**中国人の剰余定理**としてよく知られている定理が関係しています. それを代数学の教科書で勉強して, この問題の証明を考えてください.

第 17 章
$\cos \dfrac{2\pi}{n}$ の正確な値を求める

三角関数について次の質問から始めましょう．

> **＜質問＞**
> $\cos 1°$ はどのように計算しますか？

これに対してどう答えましたか？ 普通は答えようがないはずです．もし，「教科書についている三角関数の表から計算しました」という答えには，さらに次のように追及します．「三角関数の表を作った人はどのように計算したのでしょうか？」と．これに答えられるには，大学でテーラー展開を学ばなければならないでしょう．自分が知らないことが何かを知ることは大切です．三角関数は高校で教わる難しい関数の代表です．加法定理，正弦定理，余弦定理など豊かな性質を持った関数でもあります．

> 何が難しくて，何が易しいかを判断できるようになることは大切です．

> **＜問題＞**
> 高校で教わる $\cos\theta$, $\sin\theta$ の値が正確に計算できている角度 θ はどれですか？

$0 < \theta \leq \dfrac{\pi}{2}$ とすると $\theta = \dfrac{\pi}{2},\ \dfrac{\pi}{3},\ \dfrac{\pi}{4},\ \dfrac{\pi}{6}$ が解です．

θ	$\sin\theta$	$\cos\theta$	θ	$\sin\theta$	$\cos\theta$	θ	$\sin\theta$	$\cos\theta$	θ	$\sin\theta$	$\cos\theta$
$\dfrac{\pi}{2}$	1	0	$\dfrac{\pi}{3}$	$\dfrac{\sqrt{3}}{2}$	$\dfrac{1}{2}$	$\dfrac{\pi}{4}$	$\dfrac{\sqrt{2}}{2}$	$\dfrac{\sqrt{2}}{2}$	$\dfrac{\pi}{6}$	$\dfrac{1}{2}$	$\dfrac{\sqrt{3}}{2}$

以外と少ないでしょう．この角度たちとは前に出会っています．そう正五角形の作図をしたところでした．正三角形，正方形，正六角形に現れる角度に対して $\cos\theta, \sin\theta$ の値が正確に計算できています．正確には正方形で対角線を引けば，角度 $\frac{\pi}{4}$ が得られますと付け加えましょう．しかし次の疑問もわいてきます．

> **＜疑問＞**
> ピタゴラスの定理が成り立つ直角三角形でも $\cos\theta, \sin\theta$ の値が正確に計算できているのではありませんか？

そうですね．辺の長さが 3, 4, 5 の直角三角形で長さ 5 の辺と長さ 3 の辺に挟まれるところの角度を α とするとこうなります

$$\cos\alpha = \frac{3}{5}, \qquad \sin\alpha = \frac{4}{5}$$

このときは次のことが問題です．

> **＜問題＞**
> 角度 α は正確に求められていますか？

この直角三角形は辺の長さがわかっているので正確に描くことができます．しかし，三角形は正確に描くことができていてもそこに現れている角度を，今までに知っている数として表すことはできない場合があります．これからわかることはこうです．

> 角度の正確さと三角関数の値の正確さは
> 必ずしも同時に満たされてはいないようです．

17.1 角度を易しいものにする

それでは角度を易しいものにして，それらについての三角関数の値を正確に求めることにしましょう．易しい角度はどれかというと，正三角形や正方形から得られるような角度の仲間をとればよいでしょう．それは円を等分に分けて得られる角度たちです．円を n 等分して得られる易しい角度は $\frac{2\pi}{n}$ です．そして考える目標は，

<目標>

$\cos \dfrac{2\pi}{n}$, $\sin \dfrac{2\pi}{n}$ の正確な値を求めましょう．

正五角形を描くためにしたことを思い出します．そこでしたことは $2\cos\dfrac{2\pi}{5}$ の正確な値を求めることでした．それは，$y^2 + y - 1 = 0$ の解で得られました．この方程式を求めるための式の変形と利用した式だけを並べてみましょう．

$$x^4 + x^3 + x^2 + x + 1 = 0, \qquad y = x + \frac{1}{x}, \qquad y^2 = x^2 + 2 + \frac{1}{x^2}$$

$$x^2 + x + 1 + \frac{1}{x} + \frac{1}{x^2} = 0, \qquad x^2 + \frac{1}{x^2} + x + \frac{1}{x} + 1 = 0$$

$$y^2 + y - 1 = 0$$

一番最初の式が現れる理由はこうです：$x_k = \cos\dfrac{2k\pi}{5} + i\sin\dfrac{2k\pi}{5}$, $k = 1, 2, 3, 4$ は $\dfrac{x^5 - 1}{x - 1} = x^4 + x^3 + x^2 + x + 1 = 0$ の解ですよ．

そして最後の式の意味はこうです：$y_k = x_k + \dfrac{1}{x_k}$ とすると $y_k = 2\cos\dfrac{2k\pi}{5}$, $k = 1, 2$ となり，それは $y^2 + y - 1 = 0$ の解ですよ．

この方法は次の長所があります．

> x に関する 4 次の方程式の解を求めることが
> y に関する 2 次の方程式を解けばよいことになりました．

<相反多項式>

この方法を使って x に関する $2n$ 次の多項式が y に関する n 次の多項式に直せるものを，**相反多項式**とよびます．

<問題>

x に関する多項式が相反多項式とよばれるための条件を求めてください．

円分多項式の表を眺めます．これらはすべて相反多項式です．

n	$\Phi_n(x)$
3	$x^2 + x + 1$
4	$x^2 + 1$
5	$x^4 + x^3 + x^2 + x + 1$
6	$x^2 - x + 1$
7	$x^6 + x^5 + x^4 + x^3 + x^2 + x + 1$
8	$x^4 + 1$
9	$x^6 + x^3 + 1$
10	$x^4 - x^3 + x^2 - x + 1$
12	$x^4 - x^2 + 1$
15	$x^8 - x^7 + x^5 - x^4 + x^3 - x + 1$
16	$x^8 + 1$
18	$x^6 - x^3 + 1$

―＜問題＞――――――――――――――――――

$\Phi_7(x)$ を y の多項式に書き換えてください．

―――――――――――――――――――――

最初に円分多項式を対称な形にします．

$$\frac{\Phi_7(x)}{x^3} = x^3 + x^2 + x + 1 + \frac{1}{x} + \frac{1}{x^2} + \frac{1}{x^3}$$

y^2 まではすでに用意があります．y^3 を計算すると，$y^3 = x^3 + 3x + 3\frac{1}{x} + \frac{1}{x^3}$．
これから，$y^3 - 3y = x^3 + \frac{1}{x^3}$ となります．したがって，次の式が得られました．

$$\frac{\Phi_7(x)}{x^3} = (y^3 - 3y) + (y^2 - 2) + y + 1 = y^3 + y^2 - 2y - 1$$

これで，$\Psi_7(y) = y^3 + y^2 - 2y - 1$ と定めることができました．

―＜問題＞――――――――――――――――――

5 と 7 の違いは何でしょうか？

―――――――――――――――――――――

$\Psi_5(y) = y^2 + y - 1$ は 2 次式で，$\Psi_7(y)$ は 3 次式です．よく知られた解の公式で $\Psi_5(y) = 0$ の解は簡単に求められますが，$\Psi_7(y) = 0$ の解は簡単には求められません．解については，少し先でふれましょう．これだけの準備があれば次の例も簡単に求められます．

$$\frac{\Phi_9(x)}{x^3} = x^3 + 1 + \frac{1}{x^3}, \qquad \frac{\Phi_{18}(x)}{x^3} = x^3 - 1 + \frac{1}{x^3}$$

したがって，

$$\frac{\Phi_9(x)}{x^3} = y^3 - 3y + 1, \qquad \frac{\Phi_{18}(x)}{x^3} = y^3 - 3y - 1$$

したがって，$\Psi_9(y) = y^3 - 3y + 1$，$\Psi_{18}(y) = y^3 - 3y - 1$ と定めることができました．しかし，$\Psi_9(y) = 0$，$\Psi_{18}(y) = 0$ の解も簡単には求められません．もう一歩先に進んでみましょう．

<**問題**>

$\Phi_{16}(x) = x^8 + 1$ を y の多項式に書き換えてください．

最初に円分多項式を対称な形にします．

$$\frac{\Phi_{16}(x)}{x^4} = x^4 + \frac{1}{x^4}$$

すでに知られている次の式，$y^2 - 2 = x^2 + \frac{1}{x^2}$ の両辺を 2 乗しましょう．すると，$(y^2 - 2)^2 = \left(x^2 + \frac{1}{x^2}\right)^2$ となり，したがって，$y^4 - 4y^2 + 4 = x^4 + 2 + \frac{1}{x^4}$ が得られました．これから，$\Psi_{16}(y) = y^4 - 4y^2 + 2$ となります．

<**問題**>

$\Psi_{16}(y) = y^4 - 4y^2 + 2 = 0$ の解は求められますか？

$Y = y^2$ とおくと，上の方程式は $Y^2 - 4Y + 2 = 0$ となります．この解は $Y = 2 \pm \sqrt{2}$ です．実は $\Psi_{16}(y) = 0$ の解は $2\cos\frac{\pi}{8}$, $2\cos\frac{3\pi}{8}$, $2\cos\frac{5\pi}{8}$, $2\cos\frac{7\pi}{8}$ です．したがって，$2\cos\frac{\pi}{8}$ は $y^2 = 2 + \sqrt{2}$ を満たします．よって，$\cos\frac{\pi}{8} =$

$\dfrac{\sqrt{2+\sqrt{2}}}{2}$ と求められました.

円分多項式を相反多項式と見て, y の式に直すことで余弦関数 $\cos\dfrac{2\pi}{n}$ の正確な値を求められる場合のあることがわかりました.

> **＜定理＞**
>
> 円分多項式 $\Phi_n(x)$, $n \geq 3$ を y の式に書き換え, それを $\Psi_n(y)$ と書くことにすると, $2\cos\dfrac{2\pi}{n}$ は $\Psi_n(y) = 0$ の解になっています.

Ψ という記号はギリシャ文字から借用しました. 読み方はプサイです. 2ページ前から定義もしないで $\Psi_5(y)$, $\Psi_7(y)$ などを使用していましたが, この定理の中で定義を与えました. $\Psi_n(y)$ には名前がありませんが重要なものですので表を作っておきます.

n	$\Psi_n(y)$	n	$\Psi_n(y)$
3	$y+1$	15	$y^4 - y^3 - 4y^2 + 4y + 1$
4	y	16	$y^4 - 4y^2 + 2$
5	$y^2 + y - 1$	18	$y^3 - 3y - 1$
6	$y - 1$	20	$y^4 - 5y^2 + 5$
7	$y^3 + y^2 - 2y - 1$	24	$y^4 - 4y^2 + 1$
8	$y^2 - 2$	28	$y^6 - 7y^4 + 14y^2 - 7$
9	$y^3 - 3y + 1$	30	$y^4 + y^3 - 4y^2 - 4y + 1$
10	$y^2 - y - 1$	36	$y^6 - 6y^4 + 9y^2 - 3$
12	$y^2 - 3$	48	$y^8 - 8y^6 + 20y^4 - 16y^2 + 1$
14	$y^3 - y^2 - 2y + 1$	60	$y^8 - 7y^6 + 14y^4 - 8y^2 + 1$

17.2　$\cos\dfrac{2\pi}{n}$ の正確な値を小さい n について求める

方程式 $\Psi_n(y) = 0$ の解を求めることは式の次数が大きくなれば, なるほど難しくなります. したがって, $\cos\dfrac{2\pi}{n}$ の値の難しさを $\Psi_n(y)$ の次数で測ることがで

きます．

式の次数が小さい順に並べてみましょう．4次式の方程式は解けることがありますからそれを取り上げます．

> **＜観察＞**
>
> （1） $\Psi_n(x)$ の次数が 1 となるのは $n = 3, 4, 6$ です．
> （2） $\Psi_n(x)$ の次数が 2 となるのは $n = 5, 8, 10, 12$ です．
> （3） $\Psi_n(x)$ の次数が 4 となるのは $n = 15, 16, 20, 24, 30$ です．

$\Psi_n(x)$ の次数が 1 となる n の場合は次のようになります：

$$\cos\frac{2\pi}{3} = -\frac{1}{2}, \quad \cos\frac{2\pi}{4} = 0, \quad \cos\frac{2\pi}{6} = \frac{1}{2}$$

このときの cos の値は有理数になります．$\Psi_n(x)$ の次数が 2 となる n の場合は次のようになります．

$$\cos\frac{2\pi}{5} = \frac{-1+\sqrt{5}}{4}, \quad \cos\frac{2\pi}{8} = \frac{\sqrt{2}}{2}, \quad \cos\frac{2\pi}{10} = \frac{1+\sqrt{5}}{4}, \quad \cos\frac{2\pi}{12} = \frac{\sqrt{3}}{2}$$

このときの cos の値はひとつの $\sqrt{n}$ が必要です．このときの cos の値は有理数ではありません．$\Psi_n(x)$ の次数が 4 となる n の場合は次のようになります．ただし，$n = 15, 30$ は抜かします．$n = 20, 24$ は前に求めた $n = 16$ の場合と同じ方法が使えます．数値の形は複雑になりました．

$$\cos\frac{2\pi}{16} = \frac{\sqrt{2+\sqrt{2}}}{2}, \quad \cos\frac{2\pi}{20} = \frac{\sqrt{10+2\sqrt{5}}}{4}, \quad \cos\frac{2\pi}{24} = \frac{1+\sqrt{3}}{2\sqrt{2}}$$

> **＜問題＞**
>
> $\Psi_{24}(y) = y^4 - 4y^2 + 1 = 0$ の解から $\cos\dfrac{2\pi}{24}$ の値を求めて，上の表を確かめてください．

> **＜問題＞**
>
> $\cos\dfrac{2\pi}{15}$ の値を求めてください．

$n=15$ の場合は $\Psi_{15}(y) = y^4 - y^3 - 4y^2 + 4y + 1$ なので，$n=16, 20, 24$ で有効だった方程式の解法が使えません．方程式から攻めるのはさけて，三角関数の加法定理を使いましょう．必要なのは，次の等式です．

$$\frac{2\pi}{15} = \frac{2\pi}{6} - \frac{2\pi}{10}$$

したがって，

$$\cos\frac{2\pi}{15} = \cos\frac{2\pi}{6}\cos\frac{2\pi}{10} + \sin\frac{2\pi}{6}\sin\frac{2\pi}{10}$$

となりました．$\cos\frac{2\pi}{10} = \frac{1+\sqrt{5}}{4}$ が求まっているので，$\sin^2\frac{2\pi}{10} = \frac{5-\sqrt{5}}{8}$ となります．したがって，$\sin\frac{2\pi}{10} > 0$ なので，$\sin\frac{2\pi}{10} = \sqrt{\frac{5-\sqrt{5}}{8}}$ となります．これらをまとめると，

$$\cos\frac{2\pi}{15} = \frac{1+\sqrt{5}}{8} + \frac{\sqrt{6(5-\sqrt{5})}}{8}$$

―― <問題> ――

$\cos\dfrac{2\pi}{30}$ の値を求めてください．

今までは，余弦関数 cos の値ばかりを問題にしてきました．高校で三角関数を教わるときは，正弦関数 sin も同時に考えていたのに不思議ですね．次の問題も考えてください．

―― <問題> ――

今までに求めた $\cos\dfrac{2\pi}{n}$ を利用して $\sin\dfrac{2\pi}{n}$ の値を求めてください．

第 18 章

円分多項式と三角関数の深いつながりにふれる

前の章では $\cos\dfrac{2\pi}{n}$ の値を円分多項式を利用して求めました．実は $\cos\dfrac{2\pi}{n}$ の値を求める**別な道**があります．そちらも辿ってみましょう．出発点は**加法定理**です．それは三角関数について最初に教わる不思議な公式です．

＜加法定理＞

$$\sin(\alpha + \beta) = \sin\alpha\cos\beta + \cos\alpha\sin\beta$$
$$\cos(\alpha + \beta) = \cos\alpha\cos\beta - \sin\alpha\sin\beta$$

ここで $\alpha = \beta = \theta$ とすれば **2 倍角の公式**が得られます．

＜2 倍角の公式＞

$$\sin 2\theta = 2\sin\theta\cos\theta, \qquad \cos 2\theta = \cos^2\theta - \sin^2\theta = 2\cos^2\theta - 1$$

---

2 倍角の公式を利用して $\cos\dfrac{\pi}{16}$ を求めてみましょう．$\cos\dfrac{\pi}{8}$ は前に求めました．$\dfrac{\pi}{8} = 2 \times \dfrac{\pi}{16}$ だから $\cos\dfrac{\pi}{8} = 2\cos^2\dfrac{\pi}{16} - 1$ です．$\cos\dfrac{\pi}{8} = \dfrac{\sqrt{2+\sqrt{2}}}{2}$ なので $1 + \dfrac{\sqrt{2+\sqrt{2}}}{2} = 2\cos^2\dfrac{\pi}{16}$ です．よって，$\cos\dfrac{\pi}{16} > 0$ を考えると，$\cos\dfrac{\pi}{16} = \dfrac{\sqrt{2+\sqrt{2+\sqrt{2}}}}{2}$ となります．この方法が優れているのは，$\cos\dfrac{\pi}{32}$, $\cos\dfrac{\pi}{64}$, $\cdots$ と続けて求められるところです．

＜問題＞

2 倍角の公式を利用して $\cos\dfrac{\pi}{32}$ を求めましょう．

18.1 チェビシェフ多項式の登場

数と式の不思議な関係を探ったときを思い出してください．そこでは，$x^2 - 1$, $x^3 - 1$ の因数分解で止まらないで，先に進むと面白いことが見つかりました．ならば，2 倍角の公式があるのなら **3 倍角の公式**，**4 倍角の公式**を求めたらどうだろうか，と調べる気になりませんか？

> **＜疑問＞**
>
> 3 倍角の公式，4 倍角の公式と求めていくとそこには何か規則性が現れるだろうか？

実際にそれを実行してみましょう．

$$\begin{aligned} \sin 3\theta &= \sin 2\theta \cos\theta + \cos 2\theta \sin\theta \\ &= 2\sin\theta \cos^2\theta + \sin\theta(2\cos^2\theta - 1) = \sin\theta(4\cos^2\theta - 1) \end{aligned}$$

$$\begin{aligned} \cos 3\theta &= \cos 2\theta \cos\theta - \sin 2\theta \sin\theta \\ &= \cos\theta(2\cos^2\theta - 1) - 2\cos\theta \sin^2\theta \\ &= 2\cos^3\theta - \cos\theta - 2\cos\theta(1 - \cos^2\theta) = 4\cos^3\theta - 3\cos\theta \end{aligned}$$

$$\begin{aligned} \sin 4\theta &= 2\sin 2\theta \cos 2\theta = 4\sin\theta \cos\theta(2\cos^2\theta - 1) \\ &= \sin\theta(8\cos^3\theta - 4\cos\theta) \end{aligned}$$

$$\begin{aligned} \cos 4\theta &= 2\cos^2 2\theta - 1 = 2(2\cos^2\theta - 1)^2 - 1 \\ &= 8\cos^4\theta - 8\cos^2\theta + 1 \end{aligned}$$

いろいろな展開式があり，どうまとめたらよいのか混乱します．しかし，上の計算では，

> $\cos\theta$ をできるだけ使ってまとめてみました．

このように式を整理すると次の式が予想されます．

18.1 チェビシェフ多項式の登場

<予想>

x の多項式 $T_n(x), U_n(x)$ で次の式を満たすものがあります. $x = \cos\theta$ として代入すると $\cos n\theta = T_n(\cos\theta)$, $\quad \sin(n+1)\theta = \sin\theta U_n(\cos\theta)$

今までの計算をこの視点で整理しましょう.

$T_1(x) = x$ とすると $T_1(\cos\theta) = \cos\theta$ となります.
$T_2(x) = 2x^2 - 1$ とすると $T_2(\cos\theta) = 2\cos^2\theta - 1$ となります.
$T_3(x) = 4x^3 - 3x$ とすると $T_3(\cos\theta) = 4\cos^3\theta - 3\cos\theta$ となります.
$T_4(x) = 8x^4 - 8x^2 + 1$ とすると $T_4(\cos\theta) = 8\cos^4\theta - 8\cos^2\theta + 1$ となります.

$U_1(x) = 2x$ とすると $U_1(\cos\theta) = 2\cos\theta$ となります.
$U_2(x) = 4x^2 - 1$ とすると $U_2(\cos\theta) = 4\cos^2\theta - 1$ となります.
$U_3(x) = 8x^3 - 4x$ とすると $U_3(\cos\theta) = 8\cos^3\theta - 4\cos\theta$ となります.

これで 4 倍角の公式までは予想が正しいことが確かめられました. さらに次の性質も成り立つことが予想できます.

<予想>

多項式 $T_n(x)$, $U_n(x)$ はともに n 次式で, 次の式を満たしています.
$$T_n(-x) = (-1)^n T_n(x), \qquad U_n(-x) = (-1)^n U_n(x)$$

さらに細かい予想も加えます.

<予想>

多項式 $T_n(x)$, $U_n(x)$ の x^n の係数は次のようになります.
$T_n(x) = 2^{n-1}x^n + (x の n-2 次式), U_n(x) = 2^n x^n + (x の n-2 次式)$

これらの証明には数学的帰納法が使えそうです. しかし, よく出会うのとは少し形が違います. 仮定が次のような形になります.

<仮定の式>

$T_n(x)$ は n 次式で，x^n の係数は 2^{n-1} で，$T_n(-x) = (-1)^n T_n(x)$ を満たします．$U_{n-1}(x)$ は $n-1$ 次式で，x^{n-1} の係数は 2^{n-1} で，$U_{n-1}(-x) = (-1)^{n-1} U_{n-1}(x)$ を満たします．

このように書いたのは，n 倍角の公式に現れるのは $T_n(x)$ と $U_{n-1}(x)$ だからです．数学的帰納法は n 倍角のときの予想たちを正しいと仮定して，$(n+1)$ 倍角のときの予想たちが正しいことを証明します．だから，上の式を仮定して証明するのは次になります．

<証明する式>

$T_{n+1}(x)$ は $n+1$ 次式で，x^{n+1} の係数は 2^n で，$T_{n+1}(-x) = (-1)^{n+1} T_{n+1}(x)$ を満たします．$U_n(x)$ は n 次式で，x^n の係数は 2^n で，$U_n(-x) = (-1)^n U_n(x)$ を満たします．

加法定理を使いましょう．

$$\cos(n+1)\theta = \cos n\theta \cos\theta - \sin n\theta \sin\theta$$
$$= T_n(\cos\theta)\cos\theta - \sin\theta\, U_{n-1}(\cos\theta)\sin\theta$$
$$= T_n(\cos\theta)\cos\theta - (1-\cos^2\theta)U_{n-1}(\cos\theta)$$

したがって $T_{n+1}(x)$ を次の式で定めることができます．

$$\boxed{T_{n+1}(x) = xT_n(x) - (1-x^2)U_{n-1}(x)}$$

$T_{n+1}(x)$ の x^{n+1} の係数は次のように求まります．$T_{n+1}(x) = x \cdot 2^{n-1}x^n + 2^{n-1}x^{n+1} + (x \text{ の } n \text{ 次式})$, $2^{n-1} + 2^{n-1} = 2^n$. したがって $T_{n+1}(x)$ は $n+1$ 次式になることと x^{n+1} の係数が 2^n になることが言えました．残りの関係式は次の計算で証明できます．$T_{n+1}(-x) = (-x)T_n(-x) - (1-x^2)U_{n-1}(-x) = (-1)^{n+1}xT_n(x) - (-1)^{n-1}(1-x^2)U_{n-1}(x) = (-1)^{n+1}T_{n+1}(x)$.

今度は $U_n(x)$ の番です．同じ方法を試せばよいことは気がつくでしょう．

$$\sin(n+1)\theta = \sin n\theta \cos\theta + \cos n\theta \sin\theta = \sin\theta U_{n-1}(\cos\theta)\cos\theta + T_n(\cos\theta)\sin\theta$$

したがって，$U_n(x)$ を次の式で定めることができます．

$$U_n(x) = xU_{n-1}(x) + T_n(x)$$

$U_n(x)$ の x^n の係数は次のように求まります．
$U_n(x) = x \cdot 2^{n-1}x^{n-1} + 2^{n-1}x^n + (x \text{ の } n-1 \text{ 次式})$, $2^{n-1} + 2^{n-1} = 2^n$. したがって $U_n(x)$ は n 次式になることと x^n の係数が 2^n になることが言えました．残りの関係式は次の計算で証明できます．$U_n(-x) = (-x)U_{n-1}(-x) + T_n(-x) = (-1)^n xU_{n-1}(x) + (-1)^n T_n(x) = (-1)^n U_n(x)$.

これで予想の証明が終りました．

<定義>

$T_n(x)$ を第 1 種チェビシェフ多項式，$U_n(x)$ を第 2 種チェビシェフ多項式とよびます．

チェビシェフ多項式も円分多項式のように，すべての自然数 n で n 次の多項式が定まっています．

<疑問>

チェビシェフ多項式も因数分解したら規則性が見つかるでしょうか?

さっそくやってみましょう．それを調べるために $T_n(x), U_n(x)$ の表を作りましょう．

n	$T_n(x)$	n	$U_n(x)$
1	x	1	$2x$
2	$2x^2 - 1$	2	$4x^2 - 1$
3	$4x^3 - 3x$	3	$8x^3 - 4x$
4	$8x^4 - 8x^2 + 1$	4	$16x^4 - 12x^2 + 1$
5	$16x^5 - 20x^3 + 5x$	5	$32x^5 - 32x^3 + 6x$
6	$32x^6 - 48x^4 + 18x^2 - 1$	6	$64x^6 - 80x^4 + 24x^2 - 1$
7	$64x^7 - 112x^5 + 56x^3 - 7x$	7	$128x^7 - 192x^5 + 80x^3 - 8x$

これでは係数が大きくなりすぎて，規則性を見つけるのに邪魔になります．そこで形を変えてみましょう．$T_n(x/2), U_n(x/2)$ とすれば係数が小さくなります．さらに，x の最高次の係数は 1 にします．

n	$2T_n(x/2)$	n	$U_n(x/2)$
1	x	1	x
2	$x^2 - 2$	2	$x^2 - 1$
3	$x^3 - 3x$	3	$x^3 - 2x$
4	$x^4 - 4x^2 + 2$	4	$x^4 - 3x^2 + 1$
5	$x^5 - 5x^3 + 5x$	5	$x^5 - 4x^3 + 3x$
6	$x^6 - 6x^4 + 9x^2 - 2$	6	$x^6 - 5x^4 + 6x^2 - 1$
7	$x^7 - 7x^5 + 14x^3 - 7x$	7	$x^7 - 6x^5 + 10x^3 - 4x$

これで規則が見つけられるようになりました．

> **＜問題＞**
>
> この表から $2T_n(x/2)$ の係数に注目してパターンを見つけてください．

18.2　道の交差するところ── チェビシェフ多項式の因数分解

これから話すことは少し難しい計算が必要になります．

> 多項式の因数分解は次数が上がれば難しい．

しかし，今ではコンピュータに非常に高機能な数式処理システムが装備されていて，手軽にそれを利用できる環境ができあがっています．これからはそれを利用します．次の表はチェビシェフ多項式の因数分解の表です．

n	$2T_n(x/2)$	n	$U_n(x/2)$
1	x	1	x
2	$x^2 - 2$	2	$(x-1)(x+1)$
3	$x(x^2 - 3)$	3	$x(x^2 - 2)$
4	$x^4 - 4x^2 + 2$	4	$(x^2 - x - 1)(x^2 + x - 1)$
5	$x(x^4 - 5x^2 + 5)$	5	$x(x-1)(x+1)(x^2 - 3)$
6	$(x^2 - 2)(x^4 - 4x^2 + 1)$	6	$(x^3 - x^2 - 2x + 1)(x^3 + x^2 - 2x - 1)$
7	$x(x^6 - 7x^4 + 14x^2 - 7)$	7	$x(x^2 - 2)(x^4 - 4x^2 + 2)$

18.2 道の交差するところ――チェビシェフ多項式の因数分解

ここに第 17 章 151 ページで計算した $\Psi_n(y)$ の表を持ってきます. ただし見比べるのに便利なように変数を x にしています.

n	$\Psi_n(x)$	n	$\Psi_n(x)$
3	$x + 1$	16	$x^4 - 4x^2 + 2$
4	x	18	$x^3 - 3x - 1$
5	$x^2 + x - 1$	20	$x^4 - 5x^2 + 5$
6	$x - 1$	24	$x^4 - 4x^2 + 1$
7	$x^3 + x^2 - 2x - 1$	28	$x^6 - 7x^4 + 14x^2 - 7$
8	$x^2 - 2$	30	$x^4 + x^3 - 4x^2 - 4x + 1$
9	$x^3 - 3x + 1$	32	$x^8 - 8x^6 + 20x^4 - 16x^2 + 2$
10	$x^2 - x - 1$	36	$x^6 - 6x^4 + 9x^2 - 3$
12	$x^2 - 3$	40	$x^8 - 8x^6 + 19x^4 - 12x^2 + 1$
14	$x^3 - x^2 - 2x + 1$	48	$x^8 - 8x^6 + 20x^4 - 16x^2 + 1$
15	$x^4 - x^3 - 4x^2 + 4x + 1$	60	$x^8 - 7x^6 + 14x^4 - 8x^2 + 1$

表を見比べてください. 次のことにすぐ気がつきます.

> **＜観察＞**
>
> 第 1 種チェビシェフ多項式 $2T_n(x/2)$ は $\Psi_d(x)$ たちの積で書けています.

多項式は因数分解をして初めてその本質がわかります.

観察を表にしてみましょう. $2T_n(x/2)$ の例は増やしておきました.

n	$2T_n(x/2)$	
1	x	$\Psi_4(x)$
2	$x^2 - 2$	$\Psi_8(x)$
3	$x(x^2 - 3)$	$\Psi_4(x)\Psi_{12}(x)$
4	$x^4 - 4x^2 + 2$	$\Psi_{16}(x)$
5	$x(x^4 - 5x^2 + 5)$	$\Psi_4(x)\Psi_{20}(x)$

n	$2T_n(x/2)$	
6	$(x^2-2)(x^4-4x^2+1)$	$\Psi_8(x)\Psi_{24}(x)$
7	$x(x^6-7x^4+14x^2-7)$	$\Psi_4(x)\Psi_{28}(x)$
8	$x^8-8x^6+20x^4-16x^2+2$	$\Psi_{32}(x)$
9	$x(x^2-3)(x^6-6x^4+9x^2-3)$	$\Psi_4(x)\Psi_{12}(x)\Psi_{36}(x)$
10	$(x^2-2)(x^8-8x^6+19x^4-12x^2+1)$	$\Psi_8(x)\Psi_{40}(x)$

＜問題＞

第 1 種チェビシェフ多項式 $2T_n(x/2)$ を割る $\Psi_d(x)$ の d の特徴を求めてください．

そのために必要なら次の因数分解の表も利用してください．

n	$2T_n(x/2)$
12	$(x^4-4x^2+2)(x^8-8x^6+20x^4-16x^2+1)$
14	(x^2-2) (x の 12 次式)
15	$x(x^2-3)(x^4-5x^2+5)(x^8-7x^6+14x^4-8x^2+1)$
18	$(x^2-2)(x^4-4x^2+1)$ (x の 12 次式)
20	(x^4-4x^2+2) (x の 16 次式)
21	$x(x^2-3)(x^6-7x^4+14x^2-7)$ (x の 12 次式)
25	$x(x^4-5x^2+5)$ (x の 20 次式)
27	$x(x^2-3)(x^6-6x^4+9x^2-3)$ (x の 18 次式)
45	$x(x^2-3)(x^4-5x^2+5)(x^6-6x^4+9x^2-3)$ $\cdot(x^8-7x^6+14x^4-8x^2+1)$ (x の 24 次式)

$\Psi_n(x)$ はその次数が 8 以下のもので必要になるものだけを持ってきました．したがって，チェビシェフ多項式の因数分解をすべて求めても，それより次数が高い式は役に立ちません．上の表では，ただ何次の式が現れます，ということで止めています．

> 第 1 種チェビシェフ多項式だけが
> きれいな因数分解を満たすわけではありません．

18.2 道の交差するところ——チェビシェフ多項式の因数分解

> **＜観察＞**
>
> 第 2 種チェビシェフ多項式 $U_n(x/2)$ も $\Psi_d(x)$ たちの積で書けています．

n	$U_n(x/2)$	
1	x	$\Psi_4(x)$
2	$(x+1)(x-1)$	$\Psi_3(x)\Psi_6(x)$
3	$x(x^2-2)$	$\Psi_4(x)\Psi_8(x)$
4	$(x^2+x-1)(x^2-x-1)$	$\Psi_5(x)\Psi_{10}(x)$
5	$x(x+1)(x-1)(x^2-3)$	$\Psi_3(x)\Psi_4(x)\Psi_6(x)\Psi_{12}(x)$
6	$(x^3-x^2-2x+1)(x^3+x^2-2x-1)$	$\Psi_7(x)\Psi_{14}(x)$
7	$x(x^2-2)(x^4-4x^2+2)$	$\Psi_4(x)\Psi_8(x)\Psi_{16}(x)$
8	$(x+1)(x-1)(x^3-3x+1)(x^3-3x-1)$	$\Psi_3(x)\Psi_6(x)\Psi_9(x)\Psi_{18}(x)$
9	$x(x^2+x-1)(x^2-x-1)(x^4-5x^2+5)$	$\Psi_4(x)\Psi_5(x)\Psi_{10}(x)\Psi_{20}(x)$

> **＜問題＞**
>
> 第 2 種チェビシェフ多項式 $U_n(x/2)$ を割る $\Psi_d(x)$ の d の特徴を求めてください．

そのために必要なら次の因数分解の表も利用してください．

n	$U_n(x/2)$
11	$x(x+1)(x-1)(x^2-2)(x^2-3)(x^4-4x^2+1)$
13	$x(x^3+x^2-2x-1)(x^3-x^2-2x+1)(x^6-7x^4+14x^2-7)$
14	$(x+1)(x-1)(x^2+x-1)(x^2-x-1)$ $\cdot(x^4-x^3-4x^2+4x+1)(x^4+x^3-4x^2-4x+1)$
15	$x(x^2-2)(x^4-4x^2+2)(x^8-8x^6+20x^4-16x^2+2)$

18.3　チェビシェフ多項式は $\Psi_d(x)$ たちで書けている

前の節の 2 つの問題を解くことができれば，ある予想を手にすることができます．

> **＜予想＞**
>
> チェビシェフ多項式 $T_n(x/2)$, $U_n(x/2)$ はいくつかの $\Psi_d(x)$ の積として具体的な形で書けています．

ここで具体的な形を書いてしまうと前のページの問題を解く楽しみを奪うことになります．

> この予想は起源の異なる 2 つのものの間に
> 関係があることを主張しています

チェビシェフ多項式は三角関数の n 倍角の公式から取り出されたものです．三角関数は高校の数学では，難しい関数の代表です．一方，$\Psi_d(x)$ は円分多項式 $\Phi_d(x)$ から取り出されたものです．さらに，円分多項式 $\Phi_d(x)$ は $x^d - 1$ の因数分解から取り出されたものです．$x^d - 1$ は見かけ上は簡単な多項式です．これで，この章の表題の意味がはっきりしました．

> 起源の異なる 2 つのものの間に関係があるときは
> それを成り立たせている理由を考えます

数学の研究をしていると，このような場面に何度か遭遇します．理由を探して，あれこれと考えることは楽しいものです．読者にその楽しみを残しておきましょう．

第 19 章

いろんな世界にいるパスカルの三角形を探す

パスカルの三角形とよばれているのは次のような数の配列図形のことです．

```
           1
         1   1
       1   2   1
     1   3   3   1
   1   4   6   4   1
```

これから，1 を左端上に移して行列の配列になおします．

1	1	1	1	1	⋯
1	2	3	4	5	⋯
1	3	6	10	15	⋯
1	4	10	20	35	⋯
1	5	15	35	70	⋯
⋮	⋮	⋮	⋮	⋮	

これは前に考えた数列を，平面にまで広げたものと考えることができます．そこで**平面数列**とよぶことにします．「数が箱に入っている」と考える方がわかりやすいので位置のついた箱とその中にいる数を用意します．

a_{00}	a_{01}	a_{02}	a_{03}	a_{04}	⋯
a_{10}	a_{11}	a_{12}	a_{13}	a_{14}	⋯
a_{20}	a_{21}	a_{22}	a_{23}	a_{24}	⋯
a_{30}	a_{31}	a_{32}	a_{33}	a_{34}	⋯
a_{40}	a_{41}	a_{42}	a_{43}	a_{44}	⋯
⋮	⋮	⋮	⋮	⋮	

> 1番上の行を0行としています．それから順に1行，2行，… と数えます．
> 1番左の列を0列としています．それから順に1列，2列，… と数えます．

0から数え始めているのが便利なことが後になるとわかります．

> これらすべての箱に数が入っている仕組みを考えてみましょう．

平面数列には，縦，横，斜めのいろんな方向に数列が並んでいると見ることもできます．数列を定めるのに漸化式が有効に働きました．それでは平面数列の場合はどうでしょう．

＜問題＞

平面数列を定めるための漸化式はどのような形をしていればよいでしょうか？

そのときにパスカルの三角形はどのように定められたのかを思い出してみましょう．そのために次の部分を取り出しておきます．漸化式が，どの箱の数を利用しているのかがはっきりとわかるでしょう．

	$a_{i-1,j}$
$a_{i,j-1}$	$a_{i,j}$

＜パスカルの三角形の漸化式＞

$$a_{i,j} = a_{i-1,j} + a_{i,j-1}$$

漸化式だけでは数列は1つに定まりません．平面数列では，次の条件が最初に与えられています．

＜パスカルの三角形の最初の状態＞

$$a_{0,n} = 1, \quad a_{m,0} = 1, \quad n,m \geqq 0$$

最初の状態を書いておきましょう．1番上の0行と1番左の0列の成分がすべて1としてあります．

1	1	1	1	1	⋯
1					
1					
1					
1					
⋮					

この状態で漸化式という自動機械を箱の上で走らせると，最初の状態の隣にある 1 行と 1 列の成分が定まります．それを書き込みましょう．

1	1	1	1	1	⋯
1	2	3	4	5	⋯
1	3				
1	4				
1	5				
⋮	⋮				

同様にすると，次に 2 行と 2 列の成分が定まります．それを書き込みましょう．

1	1	1	1	1	⋯
1	2	3	4	5	⋯
1	3	6	10	15	⋯
1	4	10			
1	5	15			
⋮	⋮	⋮			

これから波が水面を伝わっていくように，すべての箱に入る数が定まることがわかります．それは，パスカルの三角形から定まる平面数列と同じものになります．

パスカルの三角形は高校では**二項定理**のところで紹介されています．

＜二項定理＞

$$(x+y)^n = a_{n,0}x^n + a_{n-1,1}x^{n-1}y + a_{n-2,2}x^{n-2}y^2 + \cdots$$
$$+ a_{1,n-1}xy^{n-1} + a_{0,n}y^n$$

行列を 0 行，0 列から始めたので，n のべき乗の公式の右辺がきれいに合いました．三角形を正方形に変形したので，二項定理の係数に現われるのは斜めの線上に並ぶ数たちです．このことは後で使いますので覚えておいてください．ここでは $a_{i,j}$ という便宜上の記号を使いますが，本当は立派な数学の言葉で**組合せの数**とよばれています．記号も書いておきましょう．

＜二項定理の係数の記号＞

$a_{i,j} = {}_{i+j}C_i$, ただし ${}_0C_0 = 1$ とします．

19.1　剰余法 2 の世界のパスカルの三角形

こんどは剰余法 2 の世界に棲んでいるパスカルの三角形を考えてみましょう．

> パスカルの三角形は，漸化式と最初の状態で完全に定まりました．

剰余法 2 の世界に棲んでいるパスカルの三角形を探すには，剰余法 2 の世界にある漸化式と最初の状態を見つければよいことになります．それを見つけることは簡単です．$b_{i,j}$ を剰余法 2 の世界の数として，次の漸化式と最初の状態が与えられれば，波が伝わるようにすべての数が定まります．

＜剰余法 2 の世界のパスカルの三角形の漸化式＞

$$b_{i,j} = b_{i-1,j} + b_{i,j-1}$$

＜剰余法 2 の世界のパスカルの三角形の最初の状態＞

$$b_{0,n} = 1, \quad b_{m,0} = 1, \quad n,m \geqq 0$$

このように定まるものを**剰余法 2 の世界のパスカルの三角形**とよびます．定義は簡単だからといっても実物が簡単とは言えません．

＜問題＞

剰余法 2 の世界のパスカルの三角形を描いてみよう．

パスカルの三角形を描けるように箱を用意しました．自分で描いてみてください．そのときは，規則を見つけようと細心の注意を払って描いてください．

1	1	1	1	1	1	1	1	1	1	1	1	1	1	1
1														
1														
1														
1														
1														
1														
1														
1														
1														
1														
1														
1														
1														
1														

箱に 0, 1 のどちらかを入れていきますが，早く描けた人は規則に気がついたはずです．「ここはいちいち計算をしないでも描ける」という場所がそうです．書いている途中に「ここは 0 が続く」，「ここは 1 が続く」というようにパターンが見つかります．それが規則性を探すということです．サイズは小さくなりますが解を描いておきましょう．計算があっているかどうか確かめてください．

1	1	1	1	1	1	1	1
1	0	1	0	1	0	1	0
1	1	0	0	1	1	0	0
1	0	0	0	1	0	0	0
1	1	1	1	0	0	0	0
1	0	1	0	0	0	0	0
1	1	0	0	0	0	0	0
1	0	0	0	0	0	0	0

早く描ける人が気がつくことはいろいろありますが次のことは気がつきましたか?

―<観察>――

(1) 0 行は周期が 1 の数列です．　(2) 1 行は周期が 10 の数列です．

(3) 2 行は周期が 1100 の数列です．(4) 3 行は周期が 1000 の数列です．

これから，次の推測をします．

―<推測>――

すべての行は純周期的な数列になっています．

さらに，観察を続けましょう．

―<観察>――

(1) 5 行は周期が 11110000 の数列です．

(2) 6 行は周期が 10100000 の数列です．

(3) 7 行は周期が 11000000 の数列です．

(4) 8 行は周期が 10000000 の数列です．

予想ができそうです．さらにフィボナッチ数列のときに利用した考えを思い出してみましょう．

―<考えるヒント>――

周期の長さに注目するとどういう規則がありますか?

これに気がつけば早く描けます．このことは後の章で，もっと詳しくふれることにします．

図を描いているときは目が近くのことしか気がつかないものです．描かれた図形を離れて見てください．この平面数列はいくつものパターンが隠されている面白いものです．これからそのいくつかを紹介していきますが，みなさんも自分で見つけてください．

<問題>
剰余法 2 の世界のパスカルの三角形に見られるパターンを探してみよう．

剰余法 2 の世界のパスカルの三角形からひとつ間をおいて平面数列を取り出してみます．比較できるように考えない箱は空にして残しておきます．これを **2 跳びの方法**とよびます．平面数列 $b_{i,j}$ からみれば i と j がどちらも偶数のところだけ取り出しています．

1	1	1	1
1	0	1	0
1	1	0	0
1	0	0	0

何が見えましたか？

<推測>
剰余法 2 の世界のパスカルの三角形は 2 跳びしてもまた同じものができます．

自分自身の一部分が自分とまったく同じ形をしていることが推測できました．ロシアのマトリョーシカ人形は，自分のなかに少し小さいけれど相似な人形が入っています．それに似ています．数学ではこのような性質を**自己相似性**があるとい

います．この言葉を使うと，推測の内容は，剰余法 2 の世界のパスカルの三角形には自己相似性があります，となります．

フィボナッチ数列のときに体験したように，剰余法の世界に写すことで新たに見えてくる性質がありそうです．剰余法 2 の世界のパスカルの三角形には，元のものが持っていない性質が確かにあります．

平面数列 $b_{i,j}$ からみて i と j がどちらも奇数のところだけ取り出してみます．

	0		0		0		0	
	0		0		0		0	
	0		0		0		0	
	0		0		0		0	

これは 0 だけが出てくるようです．つまらないものでした．推測は簡単にできたとしても，それを証明するためには何か言葉が必要になります．自分の感じていることを言葉にして書くこと，相手に伝えようとすることだっていろんな言葉を知らないとできません．脳のなかにあるどの言葉が自分の感じていることの一番近くにあるか探すことが必要でしょう．数学でもいろんな証明を知っていれば，そのなかのどれかの証明が「これが使えるよ」とよびかけてくれるようになります．本当はすぐにはそんなにうまくいくわけはないけどね．

自己相似性を持っていることを証明しましょう．とても簡単です．次のように漸化式をちょっと広い範囲で同時に眺めてみます．

		a
	b	c
d	e	f

すると漸化式が 3 つできます．

$$a+b=c, \quad b+d=e, \quad c+e=f$$

そこでこの3つをたし合わせます．
$$a+b+b+d+c+e=c+e+f$$
両辺に共通に含まれている c,e を消去します．すると残るのは，
$$a+b+b+d=f$$
ここで私たちが今いる世界は剰余法2の世界だということを思いだすと，
$$b+b=0$$
でした．よって最後に残った式は次になります．
$$a+d=f$$
残った式に現れた数のある箱の位置を比べましょう．

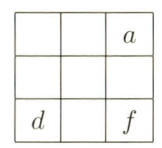

		a
d		f

これからわかることは，

> **＜定理＞**
> 剰余法2の世界では2跳びした漸化式も正しい．

これがあると次の問題はできるはずです．

> **＜問題＞**
> 2ページ前にある推測を証明してみましょう．

19.2 剰余法2の世界のパスカルの三角形に見られる他のパターン

　剰余法2の世界のパスカルの三角形をもっと眺めてみましょう．ほかにもパターンが隠れています．それが見えるように注目する箱の数だけを取り出します．みなさんは絵をコピーして，赤ペンで丸く囲めばよいでしょう．

1		1	1			1
	0		0		0	
1		0			0	
	0			0		
1			0			
		0				
	0					
	0					
1						

この図からは次のことが気になります.

<問題>

両端だけが 1 で真ん中はすべて 0 の斜めの線はどこが出発点ですか?

出発点の $b_{n,0}$ の n は 2, 4, 8 です.さらに計算すると,次の n は 16 です.これから,出発点の $b_{n,0}$ の n は 2^e と推測できます.

斜めの線と聞いて**二項定理**を思い出しましたか? さらに,今私たちのいるところは剰余法 2 の世界だということを加えましょう.剰余法 2 の世界の多項式の計算を思い出してください.そこで次の式を証明しました.そこでは何も名前を付けなかったのですが,二項定理の特別な場合です.

<剰余法 2 の世界の二項定理の特別な場合>

$$(1+x)^{2^e} = 1 + x^{2^e}$$

したがって,この定理が上のパターンの説明になっています.

他にもパターンがあります.いくつか取り上げましょう.

19.2 剰余法 2 の世界のパスカルの三角形に見られる他のパターン | 173

1		1		1				1
			1		1			1
1	1				1			1
					1			1
1	1	1	1					1
								1
								1
								1
1	1	1	1	1	1	1		

<問題>
縦と横に 1 が並んでいますが，その個数と出発点はどこでしょうか?

1		1		1				1
	0	1	0	1			0	1
1	1	0	0	1		0	0	1
	0	0	0	1	0	0	0	1
1	1	1	1	0	0	0	0	1
			0	0	0	0	0	1
		0	0	0	0	0	0	1
	0	0	0	0	0	0	0	1
1	1	1	1	1	1	1	1	

<問題>
0 の集まりの作る三角形の塊の大きさと位置はどこでしょうか?

　この他にも，自分はこれが規則的に現れていると思う，というものがあればそれを数学的な言葉を使って書いてみてください．数を使って表現すれば，言葉だけよりも相手に強く響きます．それができるようになれば，自分が見つけたことを，相手が正確に受け取るようになります．

第 20 章
ベクトルで作るパスカルの三角形を探す

　前の章では，剰余法 2 の世界のパスカルの三角形を見つけました．それは思いがけない程の規則性に満ちていたものでした．いくつも見つけた予想を証明したいと思いませんか? そのためには数学の言葉を増やさなければなりません．高校の教科書で教わる数学の言葉は多くの可能性を秘めています．

> 剰余法 2 の世界で**ベクトル**を考えてみましょう．

　ベクトルというと，方向と大きさを持っていて矢印で表されるものと思っていませんか? それは物理学で力とかを考えたときのイメージです．数学ではベクトルを次のように考えています．

> 数をいくつか組にしたものに，たし算とスカラー倍という計算ができるものをベクトルといいます．

＜剰余法 2 の世界の 2 次元ベクトル＞
- (1) $(0,0), (0,1), (1,0), (1,1)$ の 4 つからなります．
- (2) $(a_1, a_2) + (b_1, b_2) = (a_1 + b_1, a_2 + b_2)$ が，たし算です．
- (3) $a(a_1, a_2) = (aa_1, aa_2)$ が，スカラー倍の計算です．

そして**次元**という言葉の意味は，

> 数を 2 つ並べたベクトルを **2 次元ベクトル**といいます．

　それだけのことです．私たちが住んでいる世界は 3 次元で，時間も考えると 4 次元になります，と聞いていると，次元とは立派な言葉だと誤解してしまいます．本当は簡単な内容の言葉です．例をやってみましょう．たし算はこうなります．

$$(0,0) + (1,1) = (1,1), \qquad (1,1) + (1,1) = (0,0)$$

2次元ベクトルに慣れた目で，次のような剰余法2の世界のパスカル三角形の偶数行からなる部分を眺めてください．2次元ベクトルが隠れているのがわかりますか？

1	1	1	1	1	1	1	1
1	1	0	0	1	1	0	0
1	1	1	1	0	0	0	0
1	1	0	0	0	0	0	0
1	1	1	1	1	1	1	1

これを書くのに次の記号を入れましょう．

$$\mathbf{0} = (0,0), \ \mathbf{1} = (1,1)$$

2次元ベクトルで切り取り，それを平面行列を作ったように箱に収めます．すると次の図が得られました．空いている行は除きました．

1	**1**	**1**	**1**
1	**0**	**1**	**0**
1	**1**	**0**	**0**
1	**0**	**0**	**0**
1	**1**	**1**	**1**

ここでは箱に入っているのは数ではなくて2次元ベクトルです．箱にはベクトルの記号 **0, 1** と変わりましたが，剰余法2の世界のパスカルの三角形と同じ 0, 1 がある場所に収まっています．不思議ですね．これから次の推測が得られます．

― <推測> ―

2次元ベクトルのパスカルの三角形は，剰余法2の世界のパスカルの三角形で，0 を **0** に，1 を **1** に変えたものと同じになります．

平面数列からさらに，**平面ベクトル列**を考えましょう．2 次元ベクトルからなる平面ベクトル列を次のように書きます．

$\mathbf{b}_{00}$	$\mathbf{b}_{01}$	$\mathbf{b}_{02}$	$\mathbf{b}_{03}$	$\mathbf{b}_{04}$	$\cdots$
$\mathbf{b}_{10}$	$\mathbf{b}_{11}$	$\mathbf{b}_{12}$	$\mathbf{b}_{13}$	$\mathbf{b}_{14}$	$\cdots$
$\mathbf{b}_{20}$	$\mathbf{b}_{21}$	$\mathbf{b}_{22}$	$\mathbf{b}_{23}$	$\mathbf{b}_{24}$	$\cdots$
$\mathbf{b}_{30}$	$\mathbf{b}_{31}$	$\mathbf{b}_{32}$	$\mathbf{b}_{33}$	$\mathbf{b}_{34}$	$\cdots$
$\mathbf{b}_{40}$	$\mathbf{b}_{41}$	$\mathbf{b}_{42}$	$\mathbf{b}_{43}$	$\mathbf{b}_{44}$	$\cdots$
$\vdots$	$\vdots$	$\vdots$	$\vdots$	$\vdots$	

最初に次のような疑問が浮んできます．

─〈疑問〉─────────────
他の 2 次元ベクトル $(1,0), (0,1)$ は現れないのだろうか?

─〈疑問〉─────────────
たし算とスカラー倍があるから，ベクトルにも漸化式があるのだろうか?

これらの疑問に答えるためには，少し準備が必要になります．前にも言いましたが，平面数列の行や列は普通の数列です．パスカルの三角形は，対角線に関して対称の形なので列と行どちらで考えても同じ性質をもっています．そこで列について考えることにします．剰余法 2 の世界のパスカルの三角形では次のことが観察できます．

─〈観察〉─────────────
(1) 0 列は周期が 1 の数列です．
(2) 1 列は周期が 10 の数列です．
(3) 2, 3 列目は周期が 1100, 1000 の数列です．

これらは簡単に正しいことが証明できます．しかし列だけを単独に眺めるだけではパスカルの三角形が全体として持っている自己相似性とつながらないような気がします．どうでしょうか? 上の観察でわかった次のこと: (2) 1 列は周期が 10 の数列です，を使うと次の図が描けることがわかります．

1	1	⋯
1	0	⋯
1	1	⋯
1	0	⋯
1	1	⋯
1	0	⋯

したがって，ベクトルのパスカルの三角形の 0 列はすべて **1** が並びます．よって行の方は周期が 1 の数列を 2 つずつ組にして区切っただけなので，2 次元ベクトルのパスカルの三角形の 0 行と 0 列はすべて **1** が並びます．よって，

＜ 2 次元ベクトルのパスカルの三角形の最初の状態＞

$$\mathbf{b}_{0,n} = \mathbf{1}, \quad \mathbf{b}_{m,0} = \mathbf{1}, \quad n, m \geqq 0$$

では漸化式はどうでしょうか？ まえに 2 跳びをしました．ベクトルの組を箱に用意しましょう．

		a	b
c	d	e	f

このときは次の 2 つの式がいえます．

$$a + c = e, \quad b + d = f$$

でもこれはベクトルのたし算を使うと 1 つのベクトルのたし算にまとめることができます．

$$(a, b) + (c, d) = (e, f)$$

箱の位置も書いてみましょう．

	(a, b)
(c, d)	(e, f)

したがって，ベクトルに対しても漸化式が同じ形になることがわかりました．

―＜2次元ベクトルのパスカルの三角形の漸化式＞――――――
$$\mathbf{b}_{i,j} = \mathbf{b}_{i-1,j} + \mathbf{b}_{i,j-1}$$

したがって計算に実際に使われるのは次の3つの式だけです．

$(0,0) + (0,0) = (0,0),\ (0,0) + (1,1) = (1,1),\ (1,1) + (1,1) = (0,0)$

これで疑問には答えることができました．

―＜答＞――――――
2次元ベクトルのパスカルの三角形には2次元ベクトル $(1,0), (0,1)$ は現れません．

漸化式と最初の状態が 0 を **0** に，1 を **1** に変えたものと同じなので，それから定まる平面数列と平面ベクトル列でも同じ性質をもっています．これで次の定理が証明できました．

―＜定理＞――――――
2次元ベクトルのパスカルの三角形は，剰余法2の世界のパスカルの三角形で 0 を **0** に，1 を **1** に変えたものと同じになります．

この定理の応用を考えてみましょう．そこで，2つのパスカルの三角形を並べて観察しましょう．

1	1	1	1	1	1	1
1	0	1	0	1	0	1
1	1	0	0	1	1	0
1	0	0	0	1	0	0
1	1	1	1	0	0	0
1	0	1	0	0	0	0
1	1	0	0	0	0	0
1	0	0	0	0	0	0
1	1	1	1	1	1	1

1	1	1	1
1	0	1	0
1	1	0	0
1	0	0	0
1	1	1	1

右側のベクトルが表している部分を平面数列から取り出してみましょう．

1	1	1	1	1	1	1
1	1	0	0	1	1	0	0
1	1	1	1	0	0	0	0
1	1	0	0	0	0	0	0
1	1	1	1	1	1	1

言葉で書くとこのようになります．

> 右側の平面ベクトル列の 1 行は左側の平面数列の 2 行と対応しています．
> 右側の平面ベクトル列の 2 行は左側の平面数列の 4 行と対応しています．
> 右側の平面ベクトル列の 4 行は左側の平面数列の 8 行と対応しています．
> 右側の平面ベクトル列の 8 行は左側の平面数列の 16 行と対応しています．

定理は 2 つのパスカルの三角形が同じことを教えてくれています．左側の図と同じ部分を右側の図で探し，次にそのベクトル列に対応する数列を左側の図で探します．交互に繰り返すと，次のような順番で正しいことがわかります．

> (1) 左側の図の 2 行の最初に 11 があります．
> (2) 右側の図の 2 行の最初に **11** があります．
> (3) 左側の図の 4 行の最初に 1111 があります．
> (4) 右側の図の 4 行の最初に **1111** があります．
> (5) 左側の図の 8 行の最初に 11111111 があります．

これから次の図を描くことができます．

1							
1	1						
1	1	1	1				
1	1	1	1	1	1	1	1

これから対称な部分も付け足せばこうなります．この図は前に観察したものですが，それが正しいことの証明が得られました．

1		1		1			1
			1		1		1
1	1				1		1
				1			1
1	1	1	1				1
							1
							1
							1
1	1	1	1	1	1	1	

したがって，

＜定理＞

すべての自然数 n で 2^n 行には左から 1 が連続して 2^n 個並んでいます．

ベクトルに関する問題をあげておきましょう．

＜問題＞

奇数行の数列たちから得られる 2 次元ベクトルのパスカルの三角形はどのようなものでしょうか?

> **<問題>**
> 4次元ベクトルのパスカルの三角形はどのようなものでしょうか?

20.1 行列で作るパスカルの三角形

前の節では,ベクトルを考えてみました.ベクトルと**行列**は近い存在です.それなら次のことも剰余法 2 の世界のパスカルの三角形を調べるのに役に立つと期待できそうです.剰余法 2 の世界で行列を考えてみましょう.

> **<剰余法 2 の世界の 2 行 2 列の行列>**
> (1) 16 個 の行列があります.
> (2) $\begin{pmatrix} a_{11} & a_{12} \\ a_{21} & a_{22} \end{pmatrix} + \begin{pmatrix} b_{11} & b_{12} \\ b_{21} & b_{22} \end{pmatrix} = \begin{pmatrix} a_{11}+b_{11} & a_{12}+b_{12} \\ a_{21}+b_{21} & a_{22}+b_{22} \end{pmatrix}$
> が,たし算です.
> (3) $c \begin{pmatrix} a_{11} & a_{12} \\ a_{21} & a_{22} \end{pmatrix} = \begin{pmatrix} ca_{11} & ca_{12} \\ ca_{21} & ca_{22} \end{pmatrix}$ が,スカラー倍の計算です.

2 行 2 列の行列でパスカルの三角形に区切りを入れてみましょう.

$\begin{pmatrix} 1 & 1 \\ 1 & 0 \end{pmatrix}$	$\begin{pmatrix} 1 & 1 \\ 1 & 0 \end{pmatrix}$	$\begin{pmatrix} 1 & 1 \\ 1 & 0 \end{pmatrix}$	$\begin{pmatrix} 1 & 1 \\ 1 & 0 \end{pmatrix}$
$\begin{pmatrix} 1 & 1 \\ 1 & 0 \end{pmatrix}$	$\begin{pmatrix} 0 & 0 \\ 0 & 0 \end{pmatrix}$	$\begin{pmatrix} 1 & 1 \\ 1 & 0 \end{pmatrix}$	$\begin{pmatrix} 0 & 0 \\ 0 & 0 \end{pmatrix}$
$\begin{pmatrix} 1 & 1 \\ 1 & 0 \end{pmatrix}$	$\begin{pmatrix} 1 & 1 \\ 1 & 0 \end{pmatrix}$	$\begin{pmatrix} 0 & 0 \\ 0 & 0 \end{pmatrix}$	$\begin{pmatrix} 0 & 0 \\ 0 & 0 \end{pmatrix}$
$\begin{pmatrix} 1 & 1 \\ 1 & 0 \end{pmatrix}$	$\begin{pmatrix} 1 & 1 \\ 1 & 0 \end{pmatrix}$	$\begin{pmatrix} 0 & 0 \\ 0 & 0 \end{pmatrix}$	$\begin{pmatrix} 0 & 0 \\ 0 & 0 \end{pmatrix}$

この行列を眺めていると次の記号を入れるとすっきりします.

$$A_0 = \begin{pmatrix} 0 & 0 \\ 0 & 0 \end{pmatrix}, \qquad A_1 = \begin{pmatrix} 1 & 1 \\ 1 & 0 \end{pmatrix}$$

A_1	A_1	A_1	A_1
A_1	A_0	A_1	A_0
A_1	A_1	A_0	A_0
A_1	A_0	A_0	A_0

2行2列の行列は16個ありますが，上のように区切ったパスカルの三角形には，このうちの2つの行列だけが現れているようです．しかも行列のたし算をするとこうなります．

$$A_0 + A_0 = A_0, \quad A_0 + A_1 = A_1, \quad A_1 + A_1 = A_0$$

この様子は2次元ベクトルを考えたときとそっくりです．ここでは箱に入っているのは2次元ベクトルではなくて2行2列の行列です．箱には行列の記号 A_0, A_1 と変わりましたが，剰余法2の世界のパスカルの三角形と同じ $0, 1$ がある場所に A_0, A_1 が収まっています．不思議ですね．本当にそうなのでしょうか？

―＜推測＞――――――――――――――――――――――

　剰余法2の世界のパスカルの三角形で，0を A_0，1を A_1 に変えると，**行列のパスカルの三角形**ができます．

――――――――――――――――――――――――――

2行2列の行列が箱に入っているものを**平面行列列**とよびましょう．それを次のように書きます．

A_{00}	A_{01}	A_{02}	A_{03}	A_{04}	$\cdots$
A_{10}	A_{11}	A_{12}	A_{13}	A_{14}	$\cdots$
A_{20}	A_{21}	A_{22}	A_{23}	A_{24}	$\cdots$
A_{30}	A_{31}	A_{32}	A_{33}	A_{34}	$\cdots$
A_{40}	A_{41}	A_{42}	A_{43}	A_{44}	$\cdots$
$\vdots$	$\vdots$	$\vdots$	$\vdots$	$\vdots$	

最初に次のような疑問が浮んできます．

―＜疑問＞――――――――――――――――――――――

　行列でも漸化式が使えないだろうか？

――――――――――――――――――――――――――

そのまえに少し準備的な調べをします．剰余法 2 の世界のパスカルの三角形で次のことは観察できています．

> **＜観察＞**
>
> （1） 0 列は周期が 1 の数列です． （2） 1 列は周期が 10 の数列です．
> （3） 0 行は周期が 1 の数列です． （4） 1 行は周期が 10 の数列です．

これを使うと次のことがわかります．

> （1） 行列のパスカルの三角形の 0 列はすべて A_1 が並びます．
> （2） 行列のパスカルの三角形の 0 行はすべて A_1 が並びます．

よって，

> **＜2 行 2 列の行列のパスカルの三角形の最初の状態＞**
>
> $$A_{0,n} = A_1, \quad A_{m,0} = A_1, \quad n, m \geqq 0$$

では漸化式はどうでしょうか？ まえに 2 跳びをしました．

		a_1	a_2
		a_3	a_4
b_1	b_2	c_1	c_2
b_3	b_4	c_3	c_4

このときは次の 4 つの式がいえます．

$$a_i + b_i = c_i, \quad i = 1, 2, 3, 4$$

でもこれは行列のたし算を使うと 1 つの行列のたし算にまとめることができます．

$$A + B = C, \quad A = \begin{pmatrix} a_1 & a_2 \\ a_3 & a_4 \end{pmatrix}, \quad B = \begin{pmatrix} b_1 & b_2 \\ b_3 & b_4 \end{pmatrix}, \quad C = \begin{pmatrix} c_1 & c_2 \\ c_3 & c_4 \end{pmatrix}$$

	$\begin{pmatrix} a_1 & a_2 \\ a_3 & a_4 \end{pmatrix}$
$\begin{pmatrix} b_1 & b_2 \\ b_3 & b_4 \end{pmatrix}$	$\begin{pmatrix} c_1 & c_2 \\ c_3 & c_4 \end{pmatrix}$

したがって行列に対しても漸化式が同じ形になりました．

> **＜2行2列の行列のパスカルの三角形の漸化式＞**
>
> $$A_{i,j} = A_{i-1,j} + A_{i,j-1}$$

したがって計算に使われるのは次の3つの式だけです．

$$A_0 + A_0 = A_0, \quad A_0 + A_1 = A_1, \quad A_1 + A_1 = A_0$$

これまでの考えてきた道筋はベクトルの場合とそっくりです．したがって，問題の解として次の定理が得られます．

> **＜定理＞**
>
> 行列のパスカルの三角形は，剰余法2の世界のパスカルの三角形で0を A_0 に，1を A_1 に変えたものと同じになります．

剰余法2の世界のパスカルの三角形は，行列のパスカルの三角形もあることがわかりました．前にベクトルのパスカルの三角形を作ったときに2つを並べて観察することをしました．今度も同じことをすると何かが得られます．

> **＜考えるヒント＞**
>
> 剰余法2の世界のパスカルの三角形と行列のパスカルの三角形を並べて観察して，2^n 行 2^n 列の行列を考えてみましょう．

第 21 章

剰余法 2 の世界のパスカルの三角形を形式的べき級数を利用して調べる

　パスカルの三角形を行列の配列に並べかえて，剰余法 2 の世界に棲んでいるパスカルの三角形を見つけました．それはとても面白いものでした．
　ここでは，いったん元のパスカルの三角形に戻って次の問題を考えてみましょう．

―＜問題＞――――――――――
　行を数列だと思うと，その形式的べき級数は求められますか？

　形式的べき級数をきちんと書くために数列の成分に名前をつけたことを利用しましょう．

a_{00}	a_{01}	a_{02}	a_{03}	a_{04}	$\cdots$
a_{10}	a_{11}	a_{12}	a_{13}	a_{14}	$\cdots$
a_{20}	a_{21}	a_{22}	a_{23}	a_{24}	$\cdots$
a_{30}	a_{31}	a_{32}	a_{33}	a_{34}	$\cdots$
a_{40}	a_{41}	a_{42}	a_{43}	a_{44}	$\cdots$
$\vdots$	$\vdots$	$\vdots$	$\vdots$	$\vdots$	

これで i 行の数列から作られる形式的べき級数 $H_i(x)$ が次の式で定義できます．

$$H_i(x) = a_{i0} + a_{i1}x + a_{i2}x^2 + a_{i3}x^3 + a_{i4}x^4 + a_{i5}x^5 + \cdots = \sum_{n=0}^{\infty} a_{in}x^n$$

0 行から得られる形式的べき級数はこうなります．

$$H_0(x) = \sum_{n=0}^{\infty} x^n = \frac{1}{1-x}$$

　形式的べき級数を計算するには漸化式が役に立つことを，フィボナッチ数列のところで体験しました．パスカルの三角形にあるのは次の形の漸化式です．

> **＜パスカルの三角形の漸化式＞**
> $$a_{i,j} = a_{i-1,j} + a_{i,j-1}$$

この漸化式を利用するにはどうすればよいでしょうか？次のように2つの形式的べき級数を並べましょう．

$$H_i(x) = a_{i0} + a_{i1}x + a_{i2}x^2 + a_{i3}x^3 + a_{i4}x^4 + a_{i5}x^5 + \cdots$$
$$xH_i(x) = \phantom{a_{i0}+}a_{i0}x + a_{i1}x^2 + a_{i2}x^3 + a_{i3}x^4 + a_{i4}x^5 + \cdots$$

これから，差をとるとこうなります．

$$H_i(x) - xH_i(x) = a_{i0} + (a_{i1} - a_{i0})x + (a_{i2} - a_{i1})x^2 + (a_{i3} - a_{i2})x^3 + \cdots$$

x^i の係数をよくみると，漸化式の一部が現れています．

> **＜パスカルの三角形の漸化式の変形＞**
> $$a_{i,j} - a_{i,j-1} = a_{i-1,j}$$

したがって，

$$H_i(x) - xH_i(x) = a_{i0} + a_{i-1,1}x + a_{i-1,2}x^2 + a_{i-1,3}x^3 + a_{i-1,4}x^4 + \cdots$$

ここで，最初の成分は $a_{i0} = a_{i-1,\,0} = 1$ なので，次の式が得られました．

$$H_i(x) - xH_i(x) = (1-x)H_i(x) = H_{i-1}(x)$$

$(1-x)$ を右辺に移します．

$$H_i(x) = \frac{1}{1-x}H_{i-1}(x)$$

これで，数学的帰納法を使えることになりました．最初の式は $H_0(x) = \dfrac{1}{1-x}$ ですから，$H_i(x) = \dfrac{1}{(1-x)^{i+1}}$ となります．次の定理が得られました．

> **＜定理＞**
> i 行の数列から作られる形式的べき級数 $H_i(x)$ は $\dfrac{1}{(1-x)^{i+1}}$ となります．

21.1 剰余法 2 の世界の形式的べき級数の登場

剰余法 2 の世界のパスカルの三角形は次の形をしています．

1	1	1	1	1	1	1	1
1	0	1	0	1	0	1	0
1	1	0	0	1	1	0	0
1	0	0	0	1	0	0	0
1	1	1	1	0	0	0	0
1	0	1	0	0	0	0	0
1	1	0	0	0	0	0	0
1	0	0	0	0	0	0	0

<問題>

剰余法 2 の世界のパスカルの三角形の行から得られる形式的べき級数は求められますか？

この本をここまで読んできた人には，この問題に答えることは簡単でしょう．形式的べき級数は剰余法 p の世界でも通用するのがすばらしいことです．漸化式が同じ形をしているのですから，答えも同じです．剰余法 p の世界で i 行から得られる形式的べき級数を $h_i(x)$ と表すとこうなります．$h_i(x) = \dfrac{1}{(1-x)^{i+1}}$．

$H_i(x)$ と同じ式ですが，これは剰余法 p の世界の有理式であることに注意しておきます．そして，今は剰余法 2 の世界にいるので，これからまだ先に進むことができます．剰余法 2 の世界の多項式のところでした計算を思い出します．最初は

$$1 - x = 1 + x$$

そして，こうでした．

$$(1+x)^2 = 1 + x^2$$

さらに次の式もありました．

$$(1+x)^4 = 1 + x^4, \quad (1+x)^8 = 1 + x^8$$

これから次の式の変形ができます．
$$\frac{1}{(1-x)^2} = \frac{1}{(1+x)^2} = \frac{1}{1+x^2} = \frac{1}{1-x^2}$$
ほしかった次の式が得られました．
$$\frac{1}{(1-x)^2} = \frac{1}{1-x^2}$$
同様に，次の式も得られます．
$$\frac{1}{(1-x)^4} = \frac{1}{1-x^4}, \qquad \frac{1}{(1-x)^8} = \frac{1}{1-x^8}$$
これらの式から，行の数列の様子が説明できることがわかるでしょう．

<観察>
- (1) 1 行は周期が 10 の数列です． (2) 3 行は周期が 1000 の数列です．
- (3) 7 行は周期が 10000000 の数列です．

$2^e - 1$ 行の数列から得られる形式的べき級数は $\dfrac{1}{(1-x)^{2^e}}$ となります．剰余法 2 の世界の多項式のところで得られた推測：$(1+x)^{2^e} = 1 + x^{2^e}$ が正しいことを証明すれば（それは簡単にできます），その形式的べき級数は $\dfrac{1}{1-x^{2^e}}$ となります．これらを見通せば，次の定理の証明が得られるでしょう．

<定理>
$2^e - 1$ 行の数列は 1 の後に 0 が $2^e - 1$ 個続くものが周期になります．

　この定理はベクトルのパスカルの三角形を利用して証明を与えましたが，これは異なる証明になります．数学では，定理に対していくつもの証明が見つかることはよくあります．新しい証明が，その現象の新たな理解を生むことになればすばらしい．それでは次の問題が残ります．

<問題>
$2^e - 1$ 行でない数列の周期はどう計算できますか？

前に剰余法 2 の世界の多項式の計算をしたときには，ちょうど 2 のべき乗の場合しか計算しませんでした．そこで

> <問題>
>
> $(1+x)^7$ の計算はどうしますか?

むろん，コンテクストは剰余法 2 の世界の多項式です．ここで，7 の 2 進法展開を思い出します．

$$7 = 1 + 2 + 2^2$$

これを利用するとこうです．

$$(1+x)^7 = (1+x)^{1+2+2^2} = (1+x)^1 (1+x)^2 (1+x)^{2^2}$$

2 進法に展開すると，積がちょうど 2 のべき乗の場合に分けることができました．そのときの結果を使うとこうなります．

$$(1+x)^7 = (1+x)(1+x^2)(1+x^{2^2})$$

この右辺の式を展開することは，自然数を 2 進法で展開することを説明するときに使った式です．したがってこうなります．

$$(1+x)^7 = 1 + x + x^2 + x^3 + x^4 + x^5 + x^6 + x^7$$

ではこの計算を分数式にも使えるでしょうか?

> <問題>
>
> $\dfrac{1}{(1-x)^9}$ を剰余法 2 の世界の形式的べき級数で表してください．

9 より大きい 2 のべき乗で最小のものが 16 です．$16 - 9 = 7$ ですからこうなります．

$$\frac{1}{(1-x)^9} = (1-x)^7 \frac{1}{(1-x)^{16}} = (1+x)^7 \frac{1}{(1-x^{16})}$$

これで，右辺の 2 つの式はそれぞれ剰余法 2 の世界のべき級数として計算ができていますから，かけ算ができます．

$$\frac{1}{(1-x)^9} = (1+x+x^2+x^3+x^4+x^5+x^6+x^7)(1+x^{16}+x^{32}+x^{48}+\cdots)$$

したがって,

$$\frac{1}{(1-x)^9} = (1+x+x^2+x^3+x^4+x^5+x^6+x^7) + x^{16}(1+x+x^2+x^3+x^4+x^5+x^6+x^7) + x^{32}(1+x+x^2+x^3+x^4+x^5+x^6+x^7) + \cdots$$

これから次のように周期を読み取ることができます.

> 8 行は周期が 1111111100000000 の数列になります.

周期の長さについてはこうなります.

> 8 行は周期の長さが 16 の数列になります.

次の計算問題を出しておきましょう.

<問題>

$\dfrac{1}{(1-x)^{11}}$ を剰余法 2 の世界の形式的べき級数で表してください.

周期的な数列では,周期の長さが数列の性質をつぶさに反映していることをフィボナッチ数列で体験しました. この場合も周期の長さについてきれいな公式が成り立つことを前の章で観察しました. それを問題にしておきましょう. これは上の計算問題を一般の行についても考えることになっています.

<問題>

n 行の数列の周期の長さは 2^e になることを示してください. ここで e は $2^{e-1} < n+1 \leqq 2^e$ を満たす自然数とします.

第 22 章
剰余法 3 の世界のパスカルの三角形

剰余法 2 の世界のパスカルの三角形はいくつもの規則性を持っていて，パターンを探す楽しみをたくさん与えてくれました．そうであるならば剰余法 2 の世界から飛び出して，剰余法 m の世界でも探索を続けてみようという気が起こります．

剰余法 2 の世界の パスカルの三角形	剰余法 m の世界 のパスカルの三角形
ベクトル版	
行列版	

剰余法 m の世界のパスカルの三角形も漸化式と最初の状態があれば定まっています．コンテクストは，

$$b_{i,j} を剰余法 m の世界の数としましょう．$$

漸化式と最初の状態を一緒に書きましょう．

―― <剰余法 m の世界のパスカルの三角形の漸化式と最初の状態> ――
$$b_{i,j} = b_{i-1,j} + b_{i,j-1}, \qquad b_{0,n} = 1, \quad b_{k,0} = 1, \quad n, k \geqq 0$$

この式だけでは何も想像することはできないのは剰余法 2 の世界のパスカルの三角形を考えたときに体験しています．

―― <問題> ――
剰余法 3 の世界のパスカルの三角形を描いてみよう．

手を動かして図を描いてください．そのとき，剰余法 2 の世界のパスカルの三角形を調べて得られた知識で，剰余法 3 の世界のパスカルの三角形の図を想像してみることが大切です．たとえば次のような推測を脳に浮かべます．

22 剰余法 3 の世界のパスカルの三角形

> **<推測>**
>
> 剰余法 2 の世界では行列の次数が 2, 4, 8, 16 と 2 のべき乗のときに特徴がつかめた．剰余法 3 の世界でも行列の次数が 3, 9, 27 と 3 のべき乗のところを切り取って眺めると様子がつかめるだろう．

1	1	1	1	1	1	1	1	1
1	2	0	1	2	0	1	2	0
1	0	0	1	0	0	1	0	0
1	1	1	2	2	2	0	0	0
1	2	0	2	1	0	0	0	0
1	0	0	2	0	0	0	0	0
1	1	1	0	0	0	0	0	0
1	2	0	0	0	0	0	0	0
1	0	0	0	0	0	0	0	0

剰余法 2 の世界では 2 跳びの方法がうまく働きました．剰余法 3 の世界では **3 跳びの方法**がうまく働くかもしれない，と想像できます．実際やってみましょう．

1			1			1		
1			2			0		
1			0			0		

これで次の推測ができます．

<推測>

剰余法 3 の世界のパスカルの三角形は **3 跳び**してもまた同じものができるだろう．

証明は同じようにうまくいくでしょうか? 真似てみます．次のように漸化式をちょっと広い範囲で同時に眺めてみます．

			a
		b	c
	d	e	f
g	h	i	j

今度は別な方法で証明をしましょう．出発するのは次の式からです．

$$f + i = j$$

この式に，$f = c + e$, $i = e + h$ を代入すると

$$c + 2e + h = j$$

さらに，$c = a + b$, $e = b + d$, $h = d + g$ を代入します．

$$a + 3b + 3d + g = j$$

ここで私たちが今いる世界は剰余法 3 の世界だということを思いだすと，$3b = 0$, $3d = 0$ となります．すると残った式は次になります．

$$a + g = j$$

残った式に現れた数のある箱の位置を比べましょう．

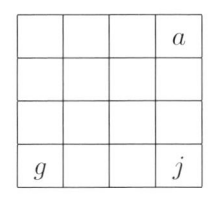

			a
g			j

これからわかることは，

<まとめ>

剰余法 3 の世界のパスカルの三角形では **3 跳び**した漸化式も正しい．

22 剰余法 3 の世界のパスカルの三角形

ベクトルはどうでしょう？ 図を描いてみましょう．

1	1	1	1	1	1	1	1
1	1	1	2	2	2	0	0
1	1	1	0	0	0	0	0

これも似ています．ただし，

> **＜観察＞**
> 剰余法 3 の世界では **3 次元ベクトル**にするのがよさそうです．

ここでも，3 つのベクトルに記号をつけましょう．

$$\mathbf{0} = (0,0,0), \quad \mathbf{1} = (1,1,1), \quad \mathbf{2} = (2,2,2)$$

剰余法 3 の世界のたし算はこうでした．

$$0+1=1, \quad 0+2=2, \quad 1+1=2, \quad 1+2=0, \quad 2+2=1$$

したがって，3 次元ベクトルのたし算もこうなります．

$$\mathbf{0}+\mathbf{1}=\mathbf{1}, \quad \mathbf{0}+\mathbf{2}=\mathbf{2}, \quad \mathbf{1}+\mathbf{1}=\mathbf{2}, \quad \mathbf{1}+\mathbf{2}=\mathbf{0}, \quad \mathbf{2}+\mathbf{2}=\mathbf{1}$$

ここでは，かけ算の式 $2 \cdot 2 = 1$ もありますから，これはベクトルだとこうなります．ベクトルではスカラー倍です．

$$\mathbf{2} \cdot \mathbf{2} = \mathbf{1}$$

3 次元ベクトルで切り取り，それを平面ベクトル列を作ったように箱に収めます．すると次の図が得られました．

1	1	1
1	2	0
1	0	0

剰余法 2 の世界で出会ったようになっています．次の問題に答えられますか？

> **＜問題＞**
> 剰余法 3 の世界の 3 次元ベクトルのパスカルの三角形についての定理をみつけましょう．

行列はどうでしょう？ 図を描いてみましょう．

$\begin{pmatrix} 1 & 1 & 1 \\ 1 & 2 & 0 \\ 1 & 0 & 0 \end{pmatrix}$	$\begin{pmatrix} 1 & 1 & 1 \\ 1 & 2 & 0 \\ 1 & 0 & 0 \end{pmatrix}$	$\begin{pmatrix} 1 & 1 & 1 \\ 1 & 2 & 0 \\ 1 & 0 & 0 \end{pmatrix}$
$\begin{pmatrix} 1 & 1 & 1 \\ 1 & 2 & 0 \\ 1 & 0 & 0 \end{pmatrix}$	$\begin{pmatrix} 2 & 2 & 2 \\ 2 & 1 & 0 \\ 2 & 0 & 0 \end{pmatrix}$	$\begin{pmatrix} 0 & 0 & 0 \\ 0 & 0 & 0 \\ 0 & 0 & 0 \end{pmatrix}$
$\begin{pmatrix} 1 & 1 & 1 \\ 1 & 2 & 0 \\ 1 & 0 & 0 \end{pmatrix}$	$\begin{pmatrix} 0 & 0 & 0 \\ 0 & 0 & 0 \\ 0 & 0 & 0 \end{pmatrix}$	$\begin{pmatrix} 0 & 0 & 0 \\ 0 & 0 & 0 \\ 0 & 0 & 0 \end{pmatrix}$

この行列を眺めていると次の記号を入れるとすっきりします．

$$A_0 = \begin{pmatrix} 0 & 0 & 0 \\ 0 & 0 & 0 \\ 0 & 0 & 0 \end{pmatrix}, \quad A_1 = \begin{pmatrix} 1 & 1 & 1 \\ 1 & 2 & 0 \\ 1 & 0 & 0 \end{pmatrix}, \quad A_2 = \begin{pmatrix} 2 & 2 & 2 \\ 2 & 1 & 0 \\ 2 & 0 & 0 \end{pmatrix}$$

ここで，新しい状況が出てきました．3 つの行列というのはそっくりですが，次のことはどうでしょう．

> **＜問題＞**
> 行列 A_1 と行列 A_2 の間に成り立つ関係は何でしょう？

これもすぐに思いつくでしょう．$A_1 + A_1 = A_2$，別な書き方では $2A_1 = A_2$ です．これらの関係がそろえば，漸化式が行列にしても，剰余法 2 の世界に似ていることがわかります．

22.1 剰余法 4 の世界のパスカルの三角形

剰余法 2, 剰余法 3 の世界のパスカルの三角形はよく似ていました.

―＜質問＞――
　剰余法 4 の世界のパスカルの三角形は剰余法 2, 3 の場合に似ているだろうか？

ここまで進んでくれば，次のような推測ができますか？

―＜推測＞――
　2, 3 は素数だけれど，4 は素数でないので様子が違うだろう．

そう思いながら，図を描いてみます.

1	1	1	1	1	1	1	1	1	1	1	1	1	1	1
1	2	3	0	1	2	3	0	1	2	3	0	1	2	3	0
1	3	2	2	3	1	0	0	1	3	2	2	3	1	0	0
1	0	2	0	3	0	0	0	1	0	2	0	3	0	0	0
1	1	3	3	2	2	2	2	3	3	1	1	0	0	0	0
1	2	1	0	2	0	2	0	3	2	3	0	0	0	0	0
1	3	0	0	2	2	0	0	3	1	0	0	0	0	0	0
1	0	0	0	2	0	0	0	0	0	0	0	0	0	0	0
1	1	1	1	3	3	3	3	2	2	2	2	2	2	2	2
1	2	3	0	3	2	1	0	2	0	2	0	2	0	2	0
1	3	2	2	1	3	0	0	2	2	0	0	2	2	0	0
1	0	2	0	1	0	0	0	2	0	0	0	2	0	0	0
1	1	3	3	0	0	0	0	2	2	2	2	0	0	0	0
1	2	1	0	0	0	0	0	2	0	2	0	0	0	0	0
1	3	0	0	0	0	0	0	2	2	0	0	0	0	0	0
1	0	0	0	0	0	0	0	2	0	0	0	0	0	0	0
1	1	1	1	1	1	1	1	3	3	3	3	3	3	3	3

今までとどこか違うようです．しかし，その違いを数学の言葉にしようとしてください．

> **＜推測＞**
>
> 剰余法 2 では 2 跳び，剰余法 3 では 3 跳びで，同じ図が現れたから剰余法 4 では **4 跳び**で同じ図が現れるのではないだろうか?

4 跳びのまえに，2 跳びの図を描いてみます．

1	1	1	1	1	1	1	1
1	2	3	0	1	2	3	0
1	3	2	2	3	1	0	0
1	0	2	0	3	0	0	0
1	1	3	3	2	2	2	2
1	2	1	0	2	0	2	0
1	3	0	0	2	2	0	0
1	0	0	0	2	0	0	0
1	1	1	1	3	3	3	3

見比べるとどうなりますか? そうですね．

> **＜観察＞**
>
> 剰余法 4 の世界では 2 跳びで同じ図が現れました．

ちょっと推測が狂いました．そこで，前にやった議論の中身を詳しく眺めてみます．まず，次のように漸化式をちょっと広い範囲で同時に眺めてみます．

		a
	b	c
d	e	f

すると漸化式が3つできます．
$$a+b=c, \quad b+d=e, \quad c+e=f$$
そこでこの3つをたし合わせます．
$$a+b+b+d+c+e=c+e+f$$
両辺に共通に含まれている c, e を取り去ります．すると残るのは
$$a+b+b+d=f$$
ここまでは同じですが，今いる世界は剰余法4の世界ですから，$b+b=0$ はいつも正しいとはいえません．

ここで前と同じ論法は止まりです．でも実際は2跳びが正しいように思えます．何が働いているのでしょう？ そこで箱の位置の情報も加えて議論をしていきます．

		$a_{2n-2,2m+2}$
	$a_{2n-1,2m+1}$	$a_{2n-1,2m+2}$
$a_{2n,2m}$	$a_{2n,2m+1}$	$a_{2n,2m+2}$

するとこうなります．
$$a_{2n,2m} + 2a_{2n-1,2m+1} + a_{2n-2,2m+2} = a_{2n,2m+2}$$

ここで障害になった部分を修正するには何が必要か考えます．剰余法4の世界では，$b=0$ または $b=2$ ならば $2b=0$ がいえます．ところが剰余法2の世界のパスカルの三角形で次のことが成り立っていました．$a_{2n-1,2m+1}=0$ となっていました．これは剰余法4の世界では次のようになります．

剰余法4の世界では $a_{2n-1,2m+1}=0$ または $a_{2n-1,2m+1}=2$ が成り立ちます．

したがって，$a_{2n,2m} + a_{2n-2,2m+2} = a_{2n,2m+2}$ が成り立ちます．これからわかることは，

> **＜まとめ＞**
>
> 剰余法 4 の世界では 2 跳びしても同じ図になります．

剰余法 4 の世界のパスカルの三角形は剰余法 2 や剰余法 3 の世界のそれとは様子が違います．ベクトルの漸化式は正しくありません．よい記述を探してみてください．最後に問題を 1 つ出しておきましょう．

> **＜問題＞**
>
> 次の図のパターンを見つけてください．

	2	0	2	0	2	0	2	0
	0	0	0	0	0	0	0	0
	2	0	0	0	2	0	0	0
	0	0	0	0	0	0	0	0
	2	0	2	0	0	0	0	0
	0	0	0	0	0	0	0	0
	2	0	0	0	0	0	0	0
	0	0	0	0	0	0	0	0

付録1：$x^m - 1$ を円分多項式で因数分解をする

第1章では $x^n - 1$ を考えましたが，この章では n を m に置き換えて

$$\boxed{x^n - 1 \text{ を } x^m - 1 \text{ に変えましょう．}}$$

m は剰余法 m の世界という言葉の中で既に使われています．わざわざその m を使うのには理由があります．

<疑問>
$x^m - 1$ の因数分解と剰余法 m の世界と関係があるのですか？

この疑問には，後で答えることにします．しばらく待ってください．この形で書くことはしていませんが，第1章で見つけたのは次の予想でした．

<予想>
m の約数を $d_1 = 1 < d_2 < \cdots < d_{r(m)-1} < d_{r(m)} = m$ とします．$\Phi_1(x) = x - 1$ とします．2以上の自然数 d に対して，多項式 $\Phi_d(x)$ で次の性質：
$$x^m - 1 = \Phi_1(x)\Phi_{d_2}(x)\cdots\Phi_{d_{r(m)-1}}(x)\Phi_m(x)$$
がすべての自然数 m に対して成り立つものがただ1つに定まります．ここで $r(m)$ は m の約数の個数を表しています．

$\cdots$ の代わりに次の記号もよく使います．慣れるととても便利です．

$$x^m - 1 = \prod_{i=1}^{r(m)} \Phi_{d_i}(x)$$

予想を正確に，式の形に書くことは難しいことです．

$$\boxed{\Phi_d(x) \text{ を定めていきましょう．}}$$

p を素数とします．基本になる因数分解の式は次のものです．
$$x^p - 1 = (x-1)(x^{p-1} + x^{p-2} + \cdots + x + 1)$$
一方，求めたい式は次のものです．
$$x^p - 1 = \Phi_1(x)\Phi_p(x)$$
これを見比べると，次の式が成り立ちます．
$$\Phi_p(x) = x^{p-1} + x^{p-2} + \cdots + x + 1$$
これで $\Phi_p(x)$ が定まりました．次に基本になる因数分解の式で，x を x^p に置き換えましょう．
$$(x^p)^p - 1 = ((x^p) - 1)((x^p)^{p-1} + (x^p)^{p-2} + \cdots + (x^p) + 1)$$
整理すると，$x^{p^2} - 1 = (x^p - 1)(x^{p(p-1)} + x^{p(p-2)} + \cdots + x^p + 1)$ となります．
既にわかった部分を書き換えます．
$$x^{p^2} - 1 = \Phi_1(x)\Phi_p(x)(x^{p(p-1)} + x^{p(p-2)} + \cdots + x^p + 1)$$
求めたい式は次のものです．
$$x^{p^2} - 1 = \Phi_1(x)\Phi_p(x)\Phi_{p^2}(x)$$
これを見比べると，次の式が成り立ちます．
$$\Phi_{p^2}(x) = x^{p(p-1)} + x^{p(p-2)} + \cdots + x^p + 1$$
これで $\Phi_{p^2}(x)$ を定めることができました．さらに，次の式が正しいこともわかりました．

$$\boxed{\Phi_{p^2}(x) = \Phi_p(x^p)}$$

こんどは，$\Phi_{p^t}(x)$, $1 \leqq t \leqq e$ が定まったと仮定して，$\Phi_{p^{e+1}}(x)$ を定めてみましょう．基本になる因数分解の式で，x を x^{p^e} に置き換えましょう．
$$(x^{p^e})^p - 1 = ((x^{p^e}) - 1)((x^{p^e})^{p-1} + (x^{p^e})^{p-2} + \cdots + (x^{p^e}) + 1)$$
整理すると，こうなります
$$x^{p^{e+1}} - 1 = (x^{p^e} - 1)(x^{p^e(p-1)} + x^{p^e(p-2)} + \cdots + x^{p^e} + 1)$$
これまでに得られた式は
$$x^{p^e} - 1 = \Phi_1(x)\Phi_p(x)\Phi_{p^2}(x)\cdots\Phi_{p^e}(x)$$

求めたい式は
$$x^{p^{e+1}} - 1 = \Phi_1(x)\Phi_p(x)\Phi_{p^2}(x)\cdots\Phi_{p^e}(x)\Phi_{p^{e+1}}(x)$$
これらを見比べると，次の式が得られます．
$$\Phi_{p^{e+1}}(x) = x^{p^e(p-1)} + x^{p^e(p-2)} + \cdots + x^{p^e} + 1$$
これで $\Phi_{p^{e+1}}(x)$ を定めることができました．次の性質も得られました．

$$\boxed{\Phi_{p^{e+1}}(x) = \Phi_{p^e}(x^p) = \Phi_p(x^{p^e})}$$

―＜問題＞――――――――――――――――――――――――
　$d \neq p^e$ の場合に，$\Phi_d(x)$ はどのように定められますか？

　式を工夫して細工すれば，$\Phi_d(x)$ にたどりつくこともできますが，この方向で無理をしないで別の方向に進みましょう．それは位数という考え方を利用するものです．剰余法 p の世界の数 a について a の位数を考えました．

―＜剰余法 p の世界の数 a の位数の定義＞――――――――――――
　剰余法 p の世界の数 a について，$a^n = 1$ となる正の整数 n で最小のものを a の位数とよびます．

　すると，次のことは自然に思いつくでしょう．複素数の世界の数は，単に複素数と呼ぶほうが慣れています．

―＜問題＞――――――――――――――――――――――――
　複素数 ζ について ζ の位数が考えられないでしょうか？

　複素数 ζ について ζ の位数が考えられるためには，$\zeta^m = 1$ となる自然数 m がなければいけません．それは ζ が方程式 $x^m - 1 = 0$ の解であることを意味しています．$x^m - 1$ は私たちが考えたいと思っている多項式でした．

―＜複素数 ζ の位数の定義＞――――――――――――――――
　複素数 ζ について，$\zeta^m = 1$ となる正の整数 m で最小のものを ζ の**位数**とよびます．

位数が小さい ζ を探してみましょう.

位数が 1 の複素数 ζ は $\zeta = \zeta^1 = 1$ だから $\zeta = 1$ です. 位数が 2 の複素数 ζ は $\zeta^2 = 1$ ですから, $\zeta = 1$ または $\zeta = -1$ です. しかし $\zeta^1 \neq 1$ だから $\zeta = -1$ です. 位数が 3 の複素数 ζ は $\zeta^3 = 1$ ですから, $\zeta = 1$ または $\zeta^2 + \zeta + 1 = 0$ です. $\zeta^1 \neq 1, \zeta^2 \neq 1$ だから $\zeta^2 + \zeta + 1 = 0$ です. このときは条件 $\zeta^2 \neq 1$ は使う必要はありません. 位数が 4 の複素数 ζ は $\zeta^4 = 1$ ですから, $\zeta^2 - 1 = 0$ または $\zeta^2 + 1 = 0$ です. $\zeta^1 \neq 1, \zeta^2 \neq 1, \zeta^3 \neq 1$ だから $\zeta^2 + 1 = 0$ です. このときは条件 $\zeta^3 \neq 1$ は使う必要はありません.

この計算を $x^m - 1$ の因数分解と比べてみましょう.

$$x^2 - 1 = (x-1)(x+1)$$
$$x^3 - 1 = (x-1)(x^2 + x + 1)$$
$$x^4 - 1 = (x-1)(x+1)(x^2 + 1)$$

これを観察すれば, 次の推測が得られます.

―― ＜推測＞ ――――――――――――――――――――――――

$\Phi_m(x) = 0$ の解の集合は位数が m の ζ のなす集合と一致しています.

位数という言葉を用意すると, $\Phi_m(x) = 0$ の解の集合が一言で表せてしまえそうです. そこで, こちらから $\Phi_m(x)$ に迫ってみましょう.

位数が m の ζ のなす集合を S_m^* と表します.

―― ＜円分多項式の定義＞ ――――――――――――――――――

S_m^* の元がちょうど方程式 $F_m(x) = 0$ の解の集合となり, さらに最高次の係数が 1 となるように, 多項式 $F_m(x)$ を定めます.

多項式 $F_m(x)$ を円分多項式とよびます. 小さい m について多項式 $F_m(x)$ を計算しましょう.

$F_1(x) = x - 1, \ F_2(x) = x + 1, \ F_3(x) = x^2 + x + 1, \ F_4(x) = x^2 + 1$

最初に立てた推測は次の式になりました.

― <推測> ―
$$\Phi_m(x) = F_m(x)$$

最初の予想を見つけたときには，$\Phi_m(x)$ は $m = 1, 2, 3, 4, \cdots$ と小さい順に定めました．この推測では，$F_m(x)$ は m に対して直接こうですよ，と定められることを示しています．小さい m から順番に定めていたのと比べると大きな違いです．この推測を見つけたことで，最初の予想は次の形に変えることができました．

― <予想の変形> ―
m の約数を $d_1 = 1 < d_2 < \cdots < d_{r(m)-1} < d_{r(m)} = m$ とします．$F_d(x)$ を上で定義した多項式とします．すべての自然数 m について，
$$x^m - 1 = F_1(x) F_{d_2}(x) \cdots F_{d_{r(m)-1}}(x) F_m(x)$$
が成り立ちます．ここで $r(m)$ は m の約数の個数を表しています．

この推測を確かめるには次のようにすればよいでしょう．$x^m - 1$ と $F_m(x)$ の関係を調べてみましょう．そのためには $x^m - 1 = 0$ と $F_m(x) = 0$ の解の集合の関係を調べましょう．

$\boxed{x^m - 1 = 0 \text{ の解のなす集合を } S_m \text{ と表します．}}$

$F_m(x) = 0$ の解の集合は S_m^* なので，S_m^* は S_m に含まれます．

― <疑問> ―
S_m から S_m^* を除いた残りの集合はどうなっているのだろうか？

この疑問から，次の問題が浮かびます．

― <問題> ―
S_m の元 ζ の位数はどうなっているのだろうか？

剰余法 p の世界で，位数を見つけたときの様子と比べてみましょう．

剰余法 p の世界	S_m
フェルマーの小定理 $a^{p-1} = 1$	$\zeta^m = 1$
$a \neq 0$ の位数は $p-1$ の約数です	ζ の位数は?

これから，上の問題の答えとして次の推測が思いつきます．

<推測>

S_m の元 ζ の位数は m の約数です．

証明も真似てみましょう．ζ の位数を d としましょう．m を d で割ったときの商を k，余りを r としましょう．すると，$m = dk + r$ となります．d が m の約数になるのは $r = 0$ ということです．m を d で割ったときの余りを r とするとき，$r = 0$ を示します．

$$\zeta^m = \zeta^{dk+r} = \zeta^{dk} \cdot \zeta^r = (\zeta^d)^k \cdot \zeta^r = 1 \cdot \zeta^r = \zeta^r$$

したがって，最初と最後を比べると $1 = \zeta^r$．d で割ったときの余りを r としたので，$0 \leq r < d$ となっています．ここで，位数の定義を思い出します．

$\zeta^m = 1$ となる自然数 m で最小のものを ζ の位数とよびました．

したがって，$0 < r$ とすると，$r < d$ なので位数の定義に矛盾します．したがって，推測を証明することができました．

<定理>

S_m の元 ζ の位数は m の約数です．

予想の記号を取り出します．

m の約数を $d_1 = 1 < d_2 < \cdots < d_{r(m)-1} < d_{r(m)} = m$ とします．

すると上の定理から，S_m の元 ζ の位数は m の約数ですから，それは $d_1 = 1 < d_2 < \cdots < d_{r(m)-1} < d_{r(m)} = m$ のどれかと一致しています．それを d_i とすると，$\zeta \in S_{d_i}^*$ となります．したがって，定理は次の形になりました．

<定理>

$S_m \subset S_1^* \cup S_{d_2}^* \cup \cdots \cup S_{d_{r(m)-1}}^* \cup S_m^*$ が成り立ちます.

一方,予想をこの形に近づけましょう.$x^m - 1 = 0$ の解の集合は S_m です.

$F_1(x)F_{d_2}(x)\cdots F_{d_{r(m)-1}}(x)F_m(x) = 0$ の解の集合は
$S_1^* \cup S_{d_2}^* \cup \cdots \cup S_{d_{r(m)-1}}^* \cup S_m^*$ です.

$x^m - 1 = 0$, $F_1(x)F_{d_2}(x)\cdots F_{d_{r(m)-1}}(x)F_m(x) = 0$ の解には重解はありません.これらを使えば,予想をさらに変形できます.

<予想の更なる変形>

m の約数を $d_1 = 1 < d_2 < \cdots < d_{r(m)-1} < d_{r(m)} = m$ とします.すべての自然数 m について,$S_m = S_1^* \cup S_{d_2}^* \cup \cdots \cup S_{d_{r(m)-1}}^* \cup S_m^*$ が成り立ちます.ここで $r(m)$ は m の約数の個数を表しています.

上の定理によって,この予想の半分が示されていますから,この予想を証明するのに必要なことは次の問題です.

<問題>

$S_m \supset S_1^* \cup S_{d_2}^* \cup \cdots \cup S_{d_{r(m)-1}}^* \cup S_m^*$ が成り立ちますか?

この結果を,上の定理と組み合わせると

$$S_m = S_1^* \cup S_{d_2}^* \cup \cdots \cup S_{d_{r(m)-1}}^* \cup S_m^*$$

となり予想の証明が得られます.d が m の約数とします.$m = dk$ と書けます.

$x^m - 1 = x^{dk} - 1 = (x^d)^k - 1 = (x^d - 1)(x^{d(k-1)} + x^{d(k-2)} + \cdots + x^d + 1)$

したがって,$x^d - 1 = 0$ のすべての解は $x^m - 1 = 0$ の解になります.よって,$S_d \subset S_m$.$S_d^* \subset S_d$ ですから,$S_d^* \subset S_m$ となります.したがって,$S_m \supset S_1^* \cup S_{d_2}^* \cup \cdots \cup S_{d_{r(m)-1}}^* \cup S_m^*$ が成り立ちます.これで問題の証明ができました.最後に $\Phi_m(x)$ が次の性質を満たすことを示します.

> $\Phi_m(x)$ の最高次の係数は 1 で，残りのすべての係数も整数になります．

すべての自然数 m について成り立つことを数学的帰納法で証明します．$\Phi_1(x) = x-1$ なので，$m=1$ のときは成り立ちます．m より小さいすべての自然数 d について，$\Phi_d(x)$ が上に述べた性質を満たしていると仮定します．m の約数を $d_1 = 1 < d_2 < \cdots < d_{r(m)-1} < d_{r(m)} = m$ とします．$f(x) = \Phi_1(x)\Phi_{d_2}(x)\cdots\Phi_{d_{r(m)-1}}(x)$ とします．仮定より，$\Phi_{d_i}(x)$，$1 \leqq i \leqq r(m)-1$ の最高次の係数は 1 で，残りのすべての係数も整数になるので，これらの積で表せる $f(x)$ も同じ性質を満たしています．多項式 $x^m - 1$ を $f(x)$ で割った商が $\Phi_m(x)$ です．多項式 $x^m - 1$ を $f(x)$ で割った商を割り算で求めれば，商 $\Phi_m(x)$ の最高次の係数は 1 で，残りのすべての係数も整数になることがわかります．これで証明が完成しました．

1.1 剰余法 m の世界との結びつき

> $x^m - 1 = 0$ の解を具体的に書いてみよう．

三角関数の加法定理を複素数と結びつけると次の式が得られます．
$(\cos\theta_1 + i\sin\theta_1)(\cos\theta_2 + i\sin\theta_2) = (\cos\theta_1\cos\theta_2 - \sin\theta_1\sin\theta_2) + i(\sin\theta_1\cos\theta_2 + \cos\theta_1\sin\theta_2) = \cos(\theta_1+\theta_2) + i\sin(\theta_1+\theta_2)$

この式で $\theta = \theta_1 = \theta_2$ とします．さらに数学的帰納法も使えば，次の定理が得られます．

＜ド・モアブルの定理＞
$$(\cos\theta + i\sin\theta)^m = \cos m\theta + i\sin m\theta$$

これから，k を整数とすると
$$\left(\cos\frac{2k\pi}{m} + i\sin\frac{2k\pi}{m}\right)^m = \cos 2k\pi + i\sin 2k\pi = 1 + i0 = 1$$

したがって，$\cos\dfrac{2k\pi}{m} + i\sin\dfrac{2k\pi}{m}$ は $x^m - 1 = 0$ の解になります．複素平面の中の点として，これらの複素数を見つけられる理由は次の事実です：

> 原点の周りを，正の実軸から始めて，1 周する角度を m 等分すると得られる角度が $\dfrac{2k\pi}{m}$, $k = 0, 1, \cdots, m-1$ です．

したがって，$x^m - 1 = 0$ の解の集合 S_m の元は複素数で具体的に表せました．

$$S_m = \left\{ \cos\dfrac{2k\pi}{m} + i\sin\dfrac{2k\pi}{m}, \ k = 0, 1, \cdots, m-1 \right\}$$

S_m には重要な部分集合 S_m^* がありました．そこで次の問題を考える必要があります．

＜問題＞

S_m^* に入る $\cos\dfrac{2k\pi}{m} + i\sin\dfrac{2k\pi}{m}$ の k の満たしている性質は何でしょうか？

k と m の最大公約数を d としましょう．すると $k = dk'$ と $m = dm'$ となる整数 k', m' があります．

$$\dfrac{2k}{m} = \dfrac{2dk'}{dm'} = \dfrac{2k'}{m'}$$

したがって，$\cos\dfrac{2k\pi}{m} + i\sin\dfrac{2k\pi}{m} = \cos\dfrac{2k'\pi}{m'} + i\sin\dfrac{2k'\pi}{m'}$ は $x^{m'} - 1 = 0$ の解になります．

これから

$$d > 1 \ \text{ならば} \cos\dfrac{2k\pi}{m} + i\sin\dfrac{2k\pi}{m} \notin S_m^* \ \text{となります．}$$

これではまだ上の問題の答えにはなりませんが，実は次のようになっています．

＜問題の答＞

$d = 1$ ならば $\cos\dfrac{2k\pi}{m} + i\sin\dfrac{2k\pi}{m} \in S_m^*$ となります．

k の範囲 $0, 1, \cdots, m-1$ は剰余法 m の世界の数と同じ形です．これを同じだと思えること，そして剰余法 m の世界の性質をもっと先まで調べればこの説明もできますが，ここで止めておきます．特に，$\cos\dfrac{2\pi}{m} + i\sin\dfrac{2\pi}{m} \in S_m^*$ となりますから，S_m^* は必ず 1 つの元を含んでいます．

付録2：剰余法 x^2+x+1 の世界

整数のなかにある素数 p から剰余法 p の世界を作りました．それは豊かな世界を私たちに見せてくれました．では次の類似箱を思い出してください．

整数の世界	剰余法2の世界の多項式
素数	既約な式
剰余法 p の世界	

この類似箱を見て次のことが脳に浮かびませんか？

― ＜考えるヒント＞ ―

　素数 p から剰余法 p の世界が生み出されたことを真似て，既約な式が素数の仲間であるのなら，それからも剰余法の世界が作れないだろうか？

これは剰余法の世界を考えることで得られるもうひとつの贈り物です．既約な2次式 x^2+x+1 を考えましょう．剰余法 m の世界は整数を m で割った余りを集めました．それを真似ると，**剰余法 x^2+x+1 の世界**は剰余法2の世界の多項式を x^2+x+1 で割った余りを集めればよいでしょう．

$\boxed{x^2+x+1 \text{ で割った余りの集合は } 0,\ 1,\ x,\ x+1 \text{ です．}}$

剰余法 x^2+x+1 の世界のたし算の例は，次のようになります．

$$0+0=0, \quad 0+1=1, \quad 1+1=0, \quad x+x=0$$
$$x+(x+1)=2x+1=1, \quad (x+1)+1=x+2=x$$

これらからたし算の表を作りましょう．

付録 2：剰余法 x^2+x+1 の世界

+	0	1	x	$x+1$
0	0	1	x	$x+1$
1	1	0	$x+1$	x
x	x	$x+1$	0	1
$x+1$	$x+1$	x	1	0

たし算の表も前に出会ったものとは違っています．こんどはかけ算をしましょう．

$$x(x+1) = x^2 + x = 1$$

ここでも新しい計算が現われました．x^2+x を x^2+x+1 で割って余りを計算すると 1 になります．余りの計算は剰余法 2 の世界の多項式としての計算です．同じように計算すると，

$$x^2 = x+1, \qquad (x+1)^2 = x^2+1 = x$$

これからかけ算の表を作ります．

×	1	x	$x+1$
1	1	x	$x+1$
x	x	$x+1$	1
$x+1$	$x+1$	1	x

これを剰余法 p の世界のかけ算の表と見比べてください．

―＜観察＞――――――――――――――――――――
剰余法 x^2+x+1 の世界でも a,b がともに 0 でないときは積 ab も 0 ではありません．
――――――――――――――――――――――――

これで類似性がはっきりしてきました．このようなときが楽しい．進むべき道が見えているのですから．横に剰余法 p の世界を置いて，それを見ながら進みます．

―＜疑問＞――――――――――――――――――――
剰余法 x^2+x+1 の世界でもフェルマーの小定理はあるのだろうか？
――――――――――――――――――――――――

何乗すれば 1 になるのかを注目してください．剰余法 p の世界では $p-1$ 乗しました．今いる世界では，次の定理が成り立っています．

<フェルマーの小定理>
$$x^3 = 1, \qquad (x+1)^3 = 1$$

次の式は剰余法 p の世界では現われていなかったものです．フェルマーの小定理よりも精密な形をしています．

<定理>
$$x^2 = x+1, \qquad (x+1)^2 = x, \qquad x(x+1) = 1$$

2.1 剰余法 x^2+x+1 の世界は複素数をつくったことと似ている

剰余法 x^2+x+1 の世界でもたし算とかけ算が剰余法 p の世界と同じようにできることを見てきました．それだけではないことを，もっと重要なことができているのだということを見ましょう．

<問題>
剰余法 x^2+x+1 の世界にある $0, 1$ は今までの $0, 1$ と同じものですか？異なるものですか？

剰余法 p の世界を考えていたときには素数 p が異なれば，異なる世界になりました．だから $0, 1$ はそれぞれ別な世界で考えることになりました．ところが x^2+x+1 は剰余法 2 の世界の多項式でしたから，剰余法 2 の世界を離れることはできません．剰余法 x^2+x+1 の世界にある $0, 1$ は剰余法 2 の世界の $0, 1$ と同じものです．

ここで次のことを考えてみましょう．

剰余法 x^2+x+1 の世界で X を変数とする多項式を考えましょう．

剰余法 x^2+x+1 の世界では x は数に変わったとみなしたので，変数は別の文字 X を用意しました．すると方程式が考えられます．そこで問題です．

> **<問題>**
> 方程式 $X^2 + X + 1 = 0$ の解は剰余法 $x^2 + x + 1$ の世界にありますか?

頭が混乱してきませんか? 剰余法 $x^2 + x + 1$ の世界では $x^2 + x + 1 = 0$ です. したがって, 剰余法 $x^2 + x + 1$ の世界の元 x は, その世界の方程式 $X^2 + X + 1 = 0$ の解になります.

> **<問題>**
> 2 次方程式 $X^2 + X + 1 = 0$ の解は剰法余 $x^2 + x + 1$ の世界にいくつありますか?

x は解であることがわかっています. この世界の残りの元のうち $0, 1$ は解ではありません. よって残るのは $x + 1$ です. $(x+1)^2 + (x+1) + 1 = x^2 + 1 + x + 1 + 1 = x^2 + x + 1 = 0$ となるので, $x+1$ もこの方程式の解になりました.

> **<問題>**
> 2 次方程式 $X^2 + X + 1 = 0$ に解と係数の関係はありますか?

$$x + (x+1) = 2x + 1 = 1, \qquad x(x+1) = x^2 + x = 1$$

これで解と係数の関係も成り立つことが確かめられました. まとめると,

> **<定理>**
> 剰余法 $x^2 + x + 1$ の世界の 2 次方程式 $X^2 + X + 1 = 0$ は x と $x+1$ を解にもち, $X^2 + X + 1 = (X - x)(X - x - 1)$ と因数分解できます.

何度も念を押すと, 方程式の解がないときには, 解があるような世界を剰余法という考えでつくることができるようだ, と思ってください.

2.2 剰余法 3 の世界でもやってみる

新しいことが出来たときにちょっと立ち止まってみる時間は貴重です. 出来たことを全体として眺めてみます. 登っていたときにはわからない形が見えてくる

ことがあります．これから先に進むには道が2つあります．

> （1）剰余法2の世界で既約な3次式以上を考えましょう．
> （2）剰余法3の世界で既約な2次式を考えましょう．

下の道を行きましょう．剰余法3の世界で多項式 $x^2 - x - 1$ を考えましょう．$x^2 + 2x + 2$ と同じものですが，この形にしたのは理由があります．$x^2 - x - 1$ はフィボナッチ数列と関係があります．剰余法3の世界の計算をします．$0^2 - 0 - 1 = 2, 1^2 - 1 - 1 = 2, 2^2 - 2 - 1 = 1$ なので，$x, x-1, x-2$ はすべて $x^2 - x - 1$ を割り切りません．したがって，

> 剰余法3の世界で多項式 $x^2 - x - 1$ は既約な式です．

剰余法 $x^2 - x - 1$ の世界は剰余法3の世界の多項式を $x^2 - x - 1$ で割った余りを集めればよいでしょう．$x^2 - x - 1$ で割った余りの集合は $0, 1, 2, x, x+1, x+2, 2x, 2x+1, 2x+2$ の9個の元からなります．

たし算は簡単ですから，かけ算の表だけつくりましょう．

＜問題＞

下のかけ算の空欄を埋めて，表を完全なものにしてください．

×	1	2	x	$x+1$	$x+2$
1	1	2	x	$x+1$	$x+2$
2	2	1	$2x$	$2x+2$	$2x+1$
x	x	$2x$	$x+1$	$2x+1$	1
$x+1$	$x+1$	$2x+2$	$2x+1$	2	
$x+2$	$x+2$	$2x+1$			
$2x$	$2x$	x			
$2x+1$	$2x+1$	$x+2$			
$2x+2$	$2x+2$	$x+1$			

この表の行は長くなるので，$2x, 2x+1, 2x+2$ を省略しました．$2x = 2 \times x, 2x+1 = 2 \times (x+2), 2x+2 = 2 \times (x+1)$ を利用すれば，簡単に計算できますから，

付録 2：剰余法 x^2+x+1 の世界

表を自分で完成させてください．

今度は x^2, x^3, x^4 を計算してみましょう．

$$x^2 = x+1, \quad x^3 = x(x+1) = x^2+x = 2x+1, \quad x^4 = x(2x+1) = 2$$

x^5, x^6, x^7, x^8 も加えて，次のようにまとめましょう．

x	x^2	x^3	x^4	x^5	x^6	x^7	x^8
x	$x+1$	$2x+1$	2	$2x$	$2x+2$	$x+2$	1

これを剰余法 p の世界と比べてみましょう．**原素**の定義を思い出してください．ここでも原素とよぶにふさわしい元が現われました．

x は剰余法 x^2-x-1 の世界の原素となっています．

剰余法 p の世界を真似て，原素からべき乗表をつくりましょう．

	1	2	3	4	5	6	7	8
x	x	$x+1$	$2x+1$	2	$2x$	$2x+2$	$x+2$	1
$x+1$	$x+1$	2	$2x+2$	1				
$2x+1$	$2x+1$	$2x+2$	x	2	$x+2$	$x+1$	$2x$	1
2	2	1						
$2x$	$2x$	$x+1$	$x+2$	2	x	$2x+2$	$2x+1$	1
$2x+2$	$2x+2$	2	$x+1$	1				
$x+2$	$x+2$	$2x+2$	$2x$	2	$2x+1$	$x+1$	x	1
1	1							

このべき乗表も剰余法 p の世界のべき乗表と似ています．この計算から，この世界でのフェルマーの小定理の形が想像できます．

剰余法 p の世界	剰余法 x^2-x-1 の世界
p 個の数	9 個の元

比べるとわかりますが，剰余法 p の世界には p 個の数があり，p は素数で 9 は素数ではないので，剰余法 x^2-x-1 の世界はそれまでとはまったく違う世界です．新しい世界に私たちは出会っています．前に注意すべきでしたが，剰余法 2

の世界の多項式 x^2+x+1 から出発して，剰余法 x^2+x+1 の世界も 4 個の元から成っていましたから，同じように剰余法 p の世界とは違う世界です．

次の類似箱も作っておきましょう．

剰余法 2 の世界	剰余法 3 の世界
剰余法 x^2+x+1 の世界	剰余法 x^2-x-1 の世界
4 個の元	9 個の元

> 剰余法 x^2-x-1 の世界でもフェルマーの小定理は正しい．
> $a\neq 0$ ならば，$a^8=1$ となります．

今度は 2 次方程式の問題です．似た問題を前に考えましたから，今度は楽々でしょう．

＜問題＞

剰余法 3 の世界の方程式 $X^2-X-1=0$ の解は剰余法 x^2-x-1 の世界にありますか？

x が解になることは当然ですね．もうひとつの解を見つけてください．解と係数の関係が正しければ $x+(2x+1)=1$ なので $2x+1$ がもうひとつの解になります．確かめましょう．

$$(2x+1)^2-(2x+1)-1 = x^2+x+1+x-1-1 = x^2-x-1 = 0$$

かけ算の表から，$x(2x+1)=2$ が成り立つことがわかります．

べき乗表からふたつの解の間に次の関係があることもわかります．

$$x^3=2x+1, \qquad (2x+1)^3=x$$

＜まとめ＞

剰余法 3 の世界で 2 次方程式 $x^2-x-1=0$ は解がありません．そのときは剰余法 x^2-x-1 の世界をつくります．そこでは 2 次方程式 $X^2-X-1=0$ は解 x と $2x+1$ があって，$X^2-X-1=(X-x)(X-2x-1)$ と因数分解ができています．

この結果をもって第 16 章に戻ることもできますが，それは少し長い話になるのでここではふれることはできません．

剰余法 3 の世界では新たに考えられる問題があります．

> 剰余法 2 の世界の既約な 2 次式は x^2+x+1 だけでした．

― <問題> ―

剰余法 3 の世界の既約な 2 次式は他にないだろうか？ それからできる 2 次方程式は剰余法 x^2-x-1 の世界では解をもつだろうか？ それとも解はないだろうか？

考えられる問題は他にもいろいろありそうです．考えたい問題が次々と湧いてくるようになればもう立派な数学者です．

付録3：剰余法pの世界における2の位数の様子

前に次の表に出会ったときには何と結びつけてよいものか困りました．$\Phi_n(2)$の値をnを動かして，その様子を眺めたのですが，知っている何かと結びつけることができませんでした．

n	$\Phi_n(2)$	n	$\Phi_n(2)$	n	$\Phi_n(2)$
1	1	11	23·89	21	7·337
2	3	12	13	22	683
3	7	13	8191	23	47·178481
4	5	14	43	24	241
5	31	15	151	25	601·1801
6	3	16	257	26	2731
7	127	17	131071	27	262657
8	17	18	3·19	28	29·113
9	73	19	524287	29	233·1103·2089
10	11	20	5·41	30	331

今は新しい言葉を手にしていますのでそれと見比べてみましょう．剰余法pの世界のそれぞれに2と表される数があります．それは整数2の剰余法pの世界での分身のようなものです．しかし，それは剰余法pの世界にあるので，その数の位数が素数pごとに定まります．これに似たことがありました．剰余法pの世界にいるフィボナッチ数列を考えたときのことです．剰余法pの世界のフィボナッチ数列の周期の長さを素数pの関数としてとらえようとしました．それを$P(p)$という記号で表しました．これについて調べたことと，これから調べることは，似ているな，と思いながら読んでください．

付録 3：剰余法 p の世界における 2 の位数の様子

＜記号の定義＞

2 を剰余法 p の世界の数と思えば位数が定まります．それを $o_2(p)$ と表します．定義から，$2^n = 1$ となる正の整数 n で最小のものが $o_2(p)$ です．

＜問題＞

$o_2(p)$ の表を作りましょう．

これを求めるためには，素数 p ごとに剰余法 p の世界で 2 の位数を計算しなければなりません．p が異なれば，まったく違う計算になってしまいます．とりあえず 100 以下の素数についての表を作ってみましょう．

p	$o_2(p)$	p	$o_2(p)$	p	$o_2(p)$
3	2	29	28	61	60
5	4	31	5	67	66
7	3	37	36	71	35
11	10	41	20	73	9
13	12	43	14	79	39
17	8	47	23	83	41
19	18	53	52	89	11
23	11	59	58	97	48

$n = o_2(p)$ は $p-1$ の約数になることはわかっています．したがって $o_2(p) < p$ です．

この表に対しては，次の 2 つの分析が考えられます．

> （1）この表を $\Phi_n(2)$ の表と見比べます．
> （2）この表そのもののパターンを探します．

最初に，この表を $\Phi_n(2)$ の表と見比べましょう．どこに着目すればよいでしょうか？

> $n = o_2(p)$ となっているとき，$\Phi_n(2)$ を割り切る素数と $n = o_2(p)$ に現われる素数 p とを比べてみましょう．

$n = o_2(p)$	p	$\Phi_n(2)$	$n = o_2(p)$	p	$\Phi_n(2)$
2	3	3	12	13	13
3	7	7	13		8191
4	5	5	14	43	43
5	31	31	15		151
6		3	16		257
7		127	17		131071
8	17	17	18	19	3·19
9	73	73	19		524287
10	11	11	20	41	5·41
11	23, 89	23·89	21		7·337

$2 \leqq n \leqq 21$ の範囲では $n = o_2(p)$ となる素数 p が上の表からは見つけられない場合は空欄としました．

<問題>

上の空欄に入る素数を見つけてみましょう．

$n = 7, 13$ について計算をしてみましょう．$n = 7$ のときは，$\Phi_7(2) = 127$ なので，推測から剰余法 127 の世界で 2 の位数を求めましょう．剰余法 127 の世界では，2 のべき乗を計算すると，2, 4, 8, 16, 32, 64, 1 なので 2 の位数は 7 です．したがって，$o_2(127) = 7$ となり $n = 7$ の空欄には 127 が入ります．

$n = 13$ のときは，$\Phi_{13}(2) = 8191$ なので，推測から剰余法 8191 の世界で 2 の位数を求めましょう．剰余法 8191 の世界では，2 のべき乗を計算すると，2, 4, 8, 16, 32, 64, 128, 256, 512, 1024, 2048, 4096, 1 なので 2 の位数は 13 です．したがって，$o_2(8191) = 13$ となり $n = 13$ の空欄には 8191 が入ります．

空欄でも $n = 6$ の場合は，3 は既に現われていますのでこの空欄は本当に空欄です．

数学の研究が進むと，新たな表を手にすることが出来ます．すると，今までは手がつかなくてほっておかれた表と結びつくことがあります．未知との遭遇が生まれる瞬間です．そのような結びつきには何か意味があるはずです．これまで知られていなかった数学の理論が隠れていることを確信できる瞬間です．残りの空欄に入る素数を見つけることは問題にしましょう．

> **＜問題＞**
>
> $n = 15$ の空欄に入る素数を見つけてみましょう．

次の言葉を導入すると $\Phi_n(2)$ を割り切る素数を区別することができるようになります．

> **＜定義＞**
>
> $\Phi_n(2)$ を割り切る素数が n より小さい d では $\Phi_d(2)$ を割り切らないとき，**$(2, n)$ に関して原素的である**ということにします．

$(2, n)$ に関して原素的でない素数の例を上げてみます．

> $\Phi_{18}(2)$ を割る 3 は $(2, 18)$ に関して原素的ではありません．
> $\Phi_{20}(2)$ を割る 5 は $(2, 20)$ に関して原素的ではありません．
> $\Phi_{21}(2)$ を割る 7 は $(2, 21)$ に関して原素的ではありません．

> **＜推測＞**
>
> $\Phi_n(2)$ を割り切る素数が $(2, n)$ に関して原素的であるなら $o_2(p) = n$ となります．

今度は，この表そのもののパターンを探しましょう．次の事実は前に証明しました．

> $n = o_2(p)$ は $p - 1$ の約数です．

しかし，$n = o_2(p) = p - 1$ となっている p がよくあります．100 以下の素数で $n = o_2(p) = p - 1$ となっている p は 3, 5, 11, 13, 19, 29, 37, 53, 59, 61, 67 です．これから，このような素数が無数にあるだろうか？と問うのはいつものことです．しかし，この問いは簡単には答えることのできないものでした．

> **＜アルティンの予想＞**
>
> $o_2(p) = p - 1$ となっている p が無数にあります．

これは 100 年近くもの間解かれていない予想です．これほど難しい問題にすぐ近くで出会えるのは数学の楽しみの 1 つです．

付録4：剰余法pの世界にはいつも原素が存在している

剰余法pの世界にいつも原素が存在していることは，それを仮定して議論を進める機会がありました．それが正しいことを証明しましょう．
剰余法pの世界の数aが0でなければフェルマーの小定理が成り立ちます．

$$a \neq 0 \text{ ならば } a^{p-1} = 1$$

このようなaは$p-1$個あります．剰余法pの世界の方程式$x^{p-1}-1=0$の解がちょうど次数と同じ数だけあることになります．したがって，次の因数分解が成り立ちます．

$$x^{p-1} - 1 = (x-1)(x-2)\cdots(x-p+2)(x-p+1)$$

この左辺にある多項式は，それが整数の世界にあるものと思うと，次のような因数分解がありました．それは付録1で証明しました．

$$p-1 \text{ の約数を } d_1 = 1 < d_2 < \cdots < d_{r-1} < d_r = p-1 \text{ とすると，}$$
$$x^{p-1} - 1 = \Phi_1(x)\Phi_{d_2}(x)\cdots\Phi_{d_{r-1}}(x)\Phi_{p-1}(x) \text{ が成り立ちます．}$$

証明の鍵になるのは次のことです．

この因数分解は剰余法pの世界に写しても正しい．

これで2つの因数分解ができました．それらを比べることができます．特に$\Phi_{p-1}(x)$に注目します．それは付録1でも注意したように次数が1以上の多項式です．したがって，

$$\Phi_{p-1}(x) = (x-a_1)\cdots(x-a_k) \text{ となるような}$$
$$\text{剰余法 } p \text{ の世界の数 } a_1, \cdots, a_k \text{ があります．}$$

ここで k としたのは多項式 $\Phi_{p-1}(x)$ の次数のことです．このとき，次の定理が成り立ちます．

> **＜定理＞**
>
> 剰余法 p の世界の数 $a_1, \cdots, a_k$ はすべて原素になります．

これを証明しましょう．1 つの解について証明すれば十分なので，a_1 について，それが原素となることを証明します．背理法を利用して証明します．a_1 は原素ではないとします．すると，$p-1$ の約数 d で，$p-1$ より小さいものに対して $a_1^d = 1$ となります．ここで，$x^d - 1$ の因数分解を利用します．

> d の約数を $e_1 = 1 < e_2 < \cdots < e_s = d$ とすると，
> $x^d - 1 = \Phi_1(x)\Phi_{e_2}(x)\cdots\Phi_d(x)$ が成り立ちます．

したがって，$x - a_1$ は $\Phi_1(x), \Phi_{e_2}(x), \cdots, \Phi_d(x)$ のどれかを割り切っていますから，それを $\Phi_{e_i}(x)$ としましょう．e_i は d の約数ですから，$p-1$ の約数でもあります．したがって，$d_j = e_i$ となる j があります．そして，それは $p-1$ とは等しくありません．したがって，

> $x^{p-1} - 1 = \Phi_1(x)\Phi_{d_2}(x)\cdots\Phi_{d_{r-1}}(x)\Phi_{p-1}(x)$ の右辺で
> $x - a_1$ は $\Phi_{d_j}(x)$ と $\Phi_{p-1}(x)$ の 2 ケ所に現れます．

ところが，これは $x^{p-1} - 1$ の因数分解が $x^{p-1} - 1 = (x-1)(x-2)\cdots(x-p+2)(x-p+1)$ なので 1 次式に同じものがないことに矛盾しています．よって最初の仮定が間違いだとわかりました．したがって，a_1 は原素です．他の a_j についても同じ証明ができますから定理が証明できました．

あとがき

『実験・発見・数学体験』(以下では本書として引用します) を書くにあたって次にあげる 3 冊の本には多くの影響を受けました．

[1] 山本芳彦『実験数学入門』岩波書店
[2] ジョセフ・シルヴァーマン『はじめての数論』ピアソン・エデュケーション
[3] 高木貞治『初等整数論講義』共立出版

　[1] 実験数学という名前は山本芳彦さんの書かれた教科書『実験数学入門』から借りてきました．「まえがき」のところに山本さんの考えた実験数学の長所が書かれています．この本では，数式処理ソフト Mathematica の利用法が詳しく書かれています．数式処理ソフトを利用してデータを集めれば，実験数学はその範囲を飛躍的に広げることができますが，同時に必要となる数学の知識も増えることになります．数学の知識が多くないと読めない本は私のねらいではありません．
　本書では，数式処理ソフトを使わない，数学の知識も高校数学の範囲ぐらいの人を対象に考えています．実験数学の真髄を，自分の手を動かして計算できる範囲のデータを観察することから感じてほしいと思っています．この範囲でも自分がまだ気づかなかった規則性を発見できることが体験できるはずです．整数論では，オイラー，ガウス，ラマニュジャンという先人が数の性質を，手の計算による観察を通して見つけてきた歴史があります．本書で実験数学の手法を知り，これなら自分でも手を使って計算を始められるぞ，と思えるようになればしめたものです．この本では，授業の性格上整数論の題材ばかりで埋めることはできなかったのでしょう．本書では整数論の題材をそろえました．数式処理ソフトを使えるような環境にいる人，数学の知識がさらにある人は，もっと多くのデータを集めてそれを観察してください．そうすれば新しい規則性を見つけることも可能です．挑戦してください．

　[2] 実験数学のプログラムの具体的な形はこの本から引用しました．この本には初等整数論の重要な内容がたくさん含まれています．[3] と共通の内容も多く

あります．それらと重ならないようにとすることで，本書の内容を定めることができました．比べて読むことを勧めます．そうすれば，整数論の世界の旅立ちに必要な準備ができると思います．

[3] 初等整数論を本格的に勉強するには，本書を読んでから，この本に進めばよいと思います．本書にはこの本の一部を虫めがねで拡大して，もっと多くの人がその面白さをわかるように，実験数学の体裁で盛り付けている部分もあります．円分多項式がそうです．これについては詳しく取り上げられています．そこでの説明と読み比べてください．

本書では，『初等整数論講義』では扱われていない話題も積極的に取り上げています．特に**形式的べき級数**は整数論では重要な働きをする道具ですが，これを取り上げる日本語の本が少なかったことを残念に思っていました．高校の教科書で教わる「数列」の内容も，形式的べき級数という言葉を知っていれば，「そういうことだったんだ！」と思うことができます．

剰余法 m の世界のパスカルの三角形も広く知られるようになればよいのにと思う題材です．これらを含めて，[3] の内容を超えて初等整数論で扱える対象が広がっていることを伝えようとしています．

最後に本書で使われている用語について，他の本と違う点について説明を加えておきます．

[剰余法 m の世界]

ガウスが，整数 a と b の差が m の倍数となっているとき，**数 a と b が m を法 (modulus) として合同である**，という概念を数学に持ち込みました．この考えをさらに進めて，m を法として a と合同な整数全体を剰余類と考え，これらを元とする集合を $\mathbf{Z}/m\mathbf{Z}$ で表すことにします．剰余類の集合 $\mathbf{Z}/m\mathbf{Z}$ では，たし算，かけ算ができるようになります．この集合 $\mathbf{Z}/m\mathbf{Z}$ 上で数学の対象を考えることは数学の世界を大きく広げることになりました．この集合を使いこなせる導入の仕方が今までなかったように思います．この集合を日本語で**剰余法 m の世界**と表し，コンテクストを利用することで，今までよりも自由に使えるようにしたいというのが，本書で私が試していることです．

[原素，原素的]

primitive root の訳語として原素を提案しています．今までは「原始根」とし

ていました．primitive の訳語として**原素的**も提案しています．primitive は，**始めて現れたもの**を表す言葉で，数学ではとても重要な考え方の 1 つです．「原始的」という訳語は，その重要さを表していないことに不満がありました．**原素的**なものを考えることが，数学の問題を見つける手がかりになることを，本書では気づけるようにしています．

索　引

英数字

2 進法　115, 189
2 跳びの方法　169
3 進法　117
3 跳びの方法　192
ISBN 符号　15

あ 行

誤りを検出する　19
アルティンの予想　220
位数　56, 202
一意的に表す　1, 96
エラトステネスの篩（ふるい）法　93
円分多項式　14, 100, 148, 162, 200, 203, 221

か 行

既約な式　95, 209
形式的べき級数　75
原素　53, 214, 222
原素的である　220
原素的なピタゴラス数　70
コンテクスト　34, 37

さ 行

算術の基本定理　1, 96
自己相似性　169
実験数学　7
周期　119, 168, 176, 188
剰余法 2 の世界　33
剰余法 2 の世界のベクトル　174
剰余法 2 の世界の形式的べき級数　187

剰余法 2 の世界の多項式　91, 209
剰余法 2 の世界の二項定理　172
剰余法 2 の世界のパスカルの三角形　166
剰余法 3 の世界　36
剰余法 m の世界のかけ算　40
剰余法 m の世界のたし算　37
剰余法 m の世界のパスカルの三角形　191
剰余法 m の世界のフィボナッチ数列　119
剰余法 p の世界のかけ算　48
剰余法 p の世界の形式的べき級数　137
剰余法 p の世界の 2 次方程式　135
剰余法 p の世界の円　64
正五角形　26, 147
漸化式　79, 120, 164, 166, 178, 184, 191
素因数分解　1, 105, 131
相反多項式　147
相反方程式　28
素数　1, 20, 42, 48, 93, 101, 125
素数のべき乗　104, 125, 142

た 行

チェビシェフ多項式　157

は 行

パスカルの三角形　163, 186
ピタゴラス数　69
フィボナッチ数列　81
フェルマーの小定理　50, 210
複素数　27, 108, 202, 207
平面行列列　182
平面数列　163
べき乗表　51

小池 正夫
こいけ・まさお

略歴
1948年　岡山県生まれ
1970年　東京大学理学部数学科卒業
1989年　広島大学教授
1995年　九州大学教授
現　在　九州大学名誉教授

数学書房選書 3
じっけん　はっけん　すうがくたいけん
実験・発見・数学体験

2011年 9 月 15 日　第 1 版第 1 刷発行
2014年 1 月 15 日　第 1 版第 2 刷発行

著者　　小池正夫
発行者　横山 伸
発行　　有限会社　数学書房
　　　　〒101-0051　東京都千代田区神田神保町1-32-2
　　　　TEL　03-5281-1777
　　　　FAX　03-5281-1778
　　　　mathmath@sugakushobo.co.jp
　　　　http://www.sugakushobo.co.jp
　　　　振替口座　00100-0-372475
印刷
製本　　モリモト印刷
組版　　アベリー
装幀　　岩崎寿文

ⓒMasao Koike 2011　Printed in Japan
ISBN 978-4-903342-23-8

数学書房選書

桂 利行・栗原将人・堤 誉志雄・深谷賢治　編集

---

1. 力学と微分方程式　山本義隆●著　　A5判・pp.256
2. 背理法　桂・栗原・堤・深谷●著　　A5判・pp.144
3. 実験・発見・数学体験　小池正夫●著　　A5判・pp.240

以下続刊

- 確率と乱数　杉田 洋●著
- 複素数と四元数　橋本義武●著
- 微分方程式入門 ── その解法　大山陽介●著
- フーリエ解析と拡散方程式　栄 伸一郎●著
- 多面体の幾何 ── 微分幾何と離散幾何の双方の視点から　伊藤仁一●著
- コンピューター幾何　阿原一志●著
- p 進数入門 ── もう一つの世界の広がり　都築暢夫●著
- ゼータ関数の値について　金子昌信●著
- ユークリッドの互除法から見えてくる現代代数学　木村俊一●著

（企画続行中）